先进核科学与技术译著出版工程

U0659299

国际核设施退役成本估算结构

李金凤　张　羽　刘丽君　译

本译著是在经济合作与发展组织的安排下出版的,并非经济合作与发展组织的官方正式译著。其翻译质量及与原著中原语文本的一致性仅由译者自负。如果译著与原著之间产生任何分歧,以原著文本为准。

哈尔滨工程大学出版社
Harbin Engineering University Press

This work is published under the responsibility of the Secretary General of the OECD. The opinions expressed and arguments employed herein do not necessarily reflect the official views of OECD member countries.

This document, as well as any data and map included herein, are without prejudice to the status of or sovereignty over any territory, to the delimitation of international frontiers and boundaries and to the name of any territory, city or area.

International Structure for Decommissioning Costing (ISDC) of Nuclear Installations
© OECD 2012
NEA No. 7088

Harbin Engineering University Press is authorized to publish and distribute exclusively the Chinese (Simplified Characters) language edition. This edition is authorized for sale throughout Mainland of China. No part of the publication may be reproduced or distributed by any means, without the prior written permission of the publisher.
本书中文简体翻译版授权哈尔滨工程大学出版社独家出版并仅限在中国大陆地区销售。未经出版者书面许可，不得以任何方式复制或发行本书的任何部分。

图书在版编目(CIP)数据

国际核设施退役成本估算结构 / 李金凤，张羽，刘丽君译. -- 哈尔滨：哈尔滨工程大学出版社，2024.12. -- ISBN 978-7-5661-4436-2

Ⅰ. TL943

中国国家版本馆 CIP 数据核字第 20247NV502 号

国际核设施退役成本估算结构
GUOJI HESHESHI TUIYI CHENGBEN GUSUAN JIEGOU

选题策划	石　岭
责任编辑	章　蕾
封面设计	李海波

出版发行	哈尔滨工程大学出版社
社　　址	哈尔滨市南岗区南通大街 145 号
邮政编码	150001
发行电话	0451-82519328
传　　真	0451-82519699
经　　销	新华书店
印　　刷	哈尔滨午阳印刷有限公司
开　　本	787 mm×1 092 mm　1/16
印　　张	12.25
字　　数	310 千字
版　　次	2024 年 12 月第 1 版
印　　次	2024 年 12 月第 1 次印刷
书　　号	ISBN 978-7-5661-4436-2
定　　价	68.00 元

http://www.hrbeupress.com
E-mail:heupress@ hrbeu.edu.cn

译 者 的 话

经济合作与发展组织核能署、国际原子能机构、欧盟委员会于 2012 年联合出版的《国际核设施退役成本估算结构》旨在为全球国家的核设施退役成本估算提供统一的条目清单,方便国家之间的沟通以及同类核设施的成本比较。该书反映了三大国际组织对退役成本估算结构达成的共识,对国内核设施退役项目的成本估算、全生命周期的技术经济分析、促进核设施降本增效具有重要参考价值。

核工业学院致力于引进高水平的国际教材,便于学生了解和掌握国际前沿知识。曾在经济合作与发展组织核能署放射性废物管理和退役司工作的李金凤研究员多次与经济合作与发展组织核能署相关部门沟通联系,为核工业学院获得了翻译与出版该书的版权许可。核工业学院组织专家翻译该书,供核设施退役治理主管部门、专业技术人员以及高等院校相关专业师生参阅,并将该书作为核工业学院相关课程的教材,以推动我国在核设施成本估算方面的技术普及。

本译著由李金凤、张羽、刘丽君共同翻译完成,其中中国原子能科学研究院的李金凤研究员翻译了前言、执行摘要、第 1 章、第 2 章、附录 D;中国原子能科学研究院的张羽工程师翻译了第 3 章、附录 A;核工业学院的刘丽君研究员翻译了第 4 章、附录 B、附录 C、附录 E。全书由李金凤统稿。

感谢中核集团首席科学家张生栋,核工业学院战榆林书记,研究生教育部林辉主任、杜慧茗老师,中国原子能科学研究院罗上庚研究员,核安全与环境工程技术研究所骆志平所长,反应堆退役部李睿之主任,核安全分析与评价研究室胡文军主任,产业开发部夏明旭主任,哈尔滨工程大学出版社石岭老师、章蕾老师对本书出版给予的指导和支持。

译 者

2024 年 9 月于北京

国际核设施退役成本估算结构

　　国家内部和国家之间核设施退役成本估算的格式、内容与实践存在很大差异。这些差异自有其正当理由，但也会使审查估算值的过程变得复杂，估算值本身也难以论证。因此经济合作与发展组织核能署、国际原子能机构和欧盟委员会联合倡议列出退役成本的标准清单，可以直接用于成本估算或将估算值转换为标准的通用结构便于比较。本书结合迄今为止积累的经验，更新了 1999 年公布的条目。修订后的成本分项结构旨在体现退役项目计划范围内的所有成本。本书还提供了开展退役成本估算的通用指导，以及对于使用该结构的详细建议。

经济合作与发展组织

    经济合作与发展组织(Organization for Economic Co-operation and Development, OECD)是一个由34^①个国家的政府组成并协力应对全球化带来的经济、社会和环境挑战的独特平台。经济合作与发展组织在研究和帮助各国政府应对公司治理、信息经济及人口老龄化挑战等新的发展与焦点问题方面也走在前列。通过本组织提供的平台,各国政府可以比较政策经验,为共同问题寻求答案,识别良好实践,协调国内、国际政策。

    经济合作与发展组织的成员国包括:澳大利亚、奥地利、比利时、加拿大、智利、捷克、丹麦、爱沙尼亚、芬兰、法国、德国、希腊、匈牙利、冰岛、爱尔兰、以色列、意大利、日本、卢森堡、墨西哥、荷兰、新西兰、挪威、波兰、葡萄牙、韩国、斯洛伐克共和国、斯洛文尼亚、西班牙、瑞典、瑞士、土耳其、英国和美国。欧盟委员会也参与经济合作与发展组织的工作。

    经济合作与发展组织的出版物广泛传播其在经济、社会和环境问题方面的统计数据及研究成果,以及经成员国一致认可的公约、导则和标准。

* * *

    经济合作与发展组织秘书长对本书的出版全面负责。书中观点和引用的论据并不一定代表该组织成员国政府的官方意见。

---

    ①   该原著出版于2012年,当时的经济合作与发展组织成员国为34个,2021年增加到38个。——译者注

经济合作与发展组织核能署

经济合作与发展组织核能署,简称核能署(Nuclear Energy Agency, NEA),成立于1958年2月1日。目前,核能署有30[①]个成员国:澳大利亚、奥地利、比利时、加拿大、捷克共和国、丹麦、芬兰、法国、德国、希腊、匈牙利、冰岛、爱尔兰、意大利、日本、卢森堡、墨西哥、荷兰、挪威、波兰、葡萄牙、韩国、斯洛伐克共和国、斯洛文尼亚、西班牙、瑞典、瑞士、土耳其、英国和美国。欧盟委员会也参与核能署工作。

核能署的使命是:

——协助其成员国通过国际合作,维护和进一步将核能安全、环保、经济地用于和平目的所需的科技与法律基础;

——提供权威评估,促进各成员国在关键问题上达成共识,为政府核能政策决策和经济合作与发展组织在能源及可持续发展等领域的政策分析提供建议。

核能署具体的职能领域包括核活动安全与监管、放射性废物管理、辐射防护、核科学、核燃料循环的经济技术分析、核法律与责任,以及公共信息。

核能署数据银行为成员国提供核数据和计算机程序服务。在该领域与相关任务中,核能署与总部位于维也纳的国际原子能机构(International Atomic Energy Agency, IAEA)签有合作协议,双方开展密切合作。核能署还与核能领域其他国际组织机构开展密切合作。

---

① 该原著出版于2012年,当时的核能署成员国为30个,现在其成员国为34个。——译者注

欧盟委员会

欧盟委员会或代表委员会行事的任何人均不对本书所载信息负责。

本书中表达的观点不一定反映欧盟委员会的观点。

本书中所提及的名称或特定公司或产品(无论是否注明出处)无任何侵犯产权之意,也不代表获得了欧盟委员会的认可或为欧盟委员会的建议。

国际原子能机构

尽管已非常谨慎地确保本书所载信息的准确性,但是国际原子能机构及其成员国均不对本书可能产生的后果承担任何责任。

本书所使用的国家或领土的特定名称并不意味着出版单位或国际原子能机构对这些国家或领土、其当局和机构的法律地位或其边界的划定做出任何判断。

本书所提及的特定公司或产品的名称(无论是否注明出处)并不意味着任何侵犯专有权的意图,也不应被解释为获得了国际原子能机构的认可或为国际原子能机构的建议。

本书包含的所有地图不损害任何国家的领域或主权现状,国境与边界的划定,领土、城市或地区的名称。

经济合作与发展组织出版物的勘误表可在网页 www. oecd. org/publishing/corrigenda 查阅。

经济合作与发展组织 2012

读者可以复制、下载或者打印经济合作与发展组织的目录供自己使用,可以摘录经济合作与发展组织的出版物、数据库和多媒体产品的内容供自己的文件、展示文稿、博客、网站和技术资料使用,只要给出所用的经济合作与发展组织的知识来源与版权拥有人即可。关于公共或商业使用、翻译权的所有请求可提交邮箱 rights@ oecd. org。关于影印本书用于公共或商业使用的请求可直接提交给版权使用费结算中心(Copyright Clearance Center, CCC),联系方式为 info@ copyright,或法国版权利用中心(Center français d'exploitation du droit de copie,CFC),联系方式为 contact@ cf-copies. com。

前　言

1999 年,经济合作与发展组织核能署、国际原子能机构、欧盟委员会联合发布《核退役:成本估算条目标准化清单提议》,俗称"黄皮书"。该报告的目的是为退役项目提供统一的成本条目清单,利于沟通,促进统一,避免出现退役项目成本评价不一致的情况。

2009 年,3 家赞助机构决定更新"黄皮书",并对用户使用标准化成本结构的经验进行评估,以作为项目启动的开端。整个项目由核能署退役成本估算小组(Decommissioning Cost Estimation Group,DCEG)协调,国际原子能机构和欧盟委员会能源总局(Directorate-General for Energy,DG-ENER)参与了该小组的工作。

调查结果显示,"黄皮书"提出的成本结构在几个国家得到了使用,直接应用或者将成本评价映射到该结构上进行比较,但使用并不普遍,原因为国家报告对成本汇总的要求并不相同。受访者指出,某些成本条目的定义存在许多歧义,并呼吁在结构的不同层次上保持更高的一致性。调查还表明,有必要制定一份相关的用户手册,以指导将标准和成本结构应用于不同类型的成本估算,从而促进估算的统一化。

该报告基于为期两年的项目,是上述 3 个赞助机构的合作成果,包括 3 个核心要素:概述退役成本,由核能署负责;更新成本结构,由国际原子能机构负责;编制用户手册,由欧盟委员会能源总局负责。这 3 项成果被纳入本书中,以取代 1999 年版的报告。为了避免与上一版成本结构混淆,本书中描述的标准和结构被称为国际退役成本估算结构(International Structure for Decommissioning Costing,ISDC)。

致　　谢

　　赞助机构特别感谢 Kurt Lauridsen 和 Vladimir Daniška 为撰写本书所做的贡献。Daniška 先生是在斯洛伐克研究与发展局第 APVV-0761-07 号基金的支持下参与此项活动的。

　　本书的负责人是 Thomas Kirchner（欧盟委员会）、Michele Laraia（国际原子能机构）、Patrick O'Sullivan（经济合作与发展组织核能署、国际原子能机构[①]）。

---

① 2010 年 12 月起。

目　　录

执行摘要 ·· 1

第1章　概述 ·· 5

　　1.1　背景 ·· 5

　　1.2　范围 ·· 5

　　1.3　目标 ·· 6

　　1.4　本书结构 ·· 6

第2章　退役成本估算 ·· 7

　　2.1　退役成本估算的要求和目标 ·· 7

　　2.2　成本分类和准确度 ·· 7

　　2.3　估算方法概述 ·· 7

　　2.4　成本要素定义 ·· 9

　　2.5　成本估算过程概述 ·· 10

　　2.6　退役策略识别 ·· 11

　　2.7　退役阶段、工作范围、主要活动 ·· 11

　　2.8　影响退役策略选择的一般要素 ·· 12

第3章　成本结构层次 ·· 14

　　3.1　概述 ·· 14

　　3.2　第一级：主要活动 ·· 15

　　3.3　第二级和第三级：活动组和典型活动 ··· 18

　　3.4　成本类别 ·· 58

　　3.5　退役成本展示矩阵（国际退役成本估算结构矩阵） ······························· 60

第4章　国际核设施退役成本估算结构的应用 ·· 61

　　4.1　国际退役成本估算结构与退役过程和成本计算的关系 ···························· 61

　　4.2　在成本计算方面实施国际退役成本估算结构的方法 ······························ 65

　　4.3　成本估算报告 ·· 67

参考文献 ·· 72

附录 ··· 73

    附录 A　成本条目层次结构总结 ··· 73

    附录 B　退役成本估算中的假设和边界条件列表 ··············· 82

    附录 C　质量保证和不可预见费 ·· 87

    附录 D　成本条目的标准化定义 ·· 95

    附录 E　术语表 ··· 165

起草和审稿人员名单 ·· 173

核能署出版物和信息 ·· 174

执 行 摘 要

退役成本估算有多种用途,具体取决于估算时项目在生命周期中所处的阶段。阶段不同,估算的受众也相应不同。在项目概念设计的阶段,退役成本估算的主要目的是便于设计单位和客户机构确定项目总成本。当项目计划发展到需要获得许可批准的阶段时,政府部门和利益相关方需要确信,已经做出安排,以确保在核设施提前关闭的情况下,也能获得支付退役成本所需的资金。在设施运行阶段结束时,退役成本估算为拆除和现场清理作业的详细计划提供了依据。

长期以来,人们认识到,退役成本估算的格式、内容和实践存在很大差异,这通常是由于各国对退役成本估算中应包括哪些内容的要求不同,对退役的时间框架、对设施所在地最终状态的假设不同。这些差异使审查估算的过程更加复杂,并导致缺乏透明度,也就是说,如果能够更容易地将结果与其他类似设施的估算结果进行比较,可以增强对估算准确性的信心。

为了解决上述问题,在经济合作与发展组织核能署、国际原子能机构和欧盟委员会的联合倡议下,《核退役:成本估算条目标准化清单提议》,即"黄皮书"[①]于 1999 年出版。2009年,3 个赞助机构决定更新"黄皮书",并建立了一个为期两年的联合项目,由核能署退役成本估算小组领导,首先对用户的使用情况进行分析。该分析发现,提议的标准化成本结构已在几个国家应用,直接用于开展成本估算,或将本国的估算结果映射到通用结构上进行比较。分析结论显示,应就标准化结构的使用,特别是具体成本条目的定义,提供更详细的建议,以避免歧义。

本书介绍了修订后的成本结构,即国际退役成本估算结构,旨在将退役项目计划范围内的所有成本都反映在国际退役成本估算结构中,该结构也可以作为与项目范围外的风险相关的成本计算的出发点。本书提供了开展核设施退役成本估算的通用指导,包括使用标准和成本结构的详细建议,以增强协调性。

成本结构包含以下特征。

(1)重新定义和/或重新组合条目,以便更直接地遵循退役活动的顺序,反映退役过程的主要阶段和国际原子能机构规定的基本退役策略。

(2)提供适合于所有类型核设施的通用成本结构,包括燃料循环设施、实验室和其他设施(以及核电站)。

(3)执行国际原子能机构对放射性废物的最新分类[②];反映与废物管理相关的主要活动

[①] OECD/NEA, IAEA, EC. A Proposed Standardised List of Items for Costing Purposes in the Decommissioning of Nuclear Installations. Interim Technical Document, OECD/NEA, Paris (1999).

[②] IAEA. Classification of Radioactive Waste, General Safety Guide, Safety Standards Series No. GSG-1,ISSN 1020-525X, No. GSG-1, STI/PUB/1419, ISBN 978-92-0-109209-0, IAEA, Vienna (2009).

类型,包括特性鉴定、处理、贮存、处置和运输,并单独考虑危险废物和常规废物。

3个赞助机构认为,重要的目标是实现退役成本估算的格式和内容更加标准化,提高退役过程的透明度,这有助于建立监管机构和利益相关方对资金充足的信心。

1. 国际退役成本估算结构

国际退役成本估算结构确定的标准退役活动以分级结构呈现,第一级和第二级是第三级确定的基本活动的集合。与每项活动相关的成本可细分成4个成本类别(图0-1)。

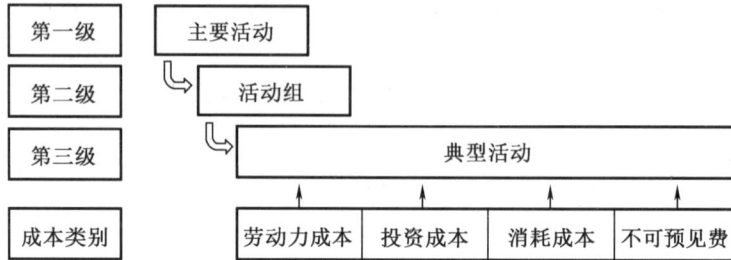

图 0-1　国际退役成本估算结构的分级

作为最高级别的第一级,共识别出如下11类主要活动。

01 退役前活动。

02 设施停堆活动。

03 安全封闭或就地掩埋的补充活动。

04 控制区内的拆除活动。

05 废物处理、贮存和处置。

06 现场基础设施和运行。

07 常规拆解、拆除和场址修复。

08 项目管理、工程技术和支持。

09 研发。

10 燃料与核材料。

11 杂项支出。

第二级活动是第一级活动的一个子集。例如,"控制区内的拆除活动"(主要活动04)根据若干主要步骤可划分为拆除前去污,特殊材料拆除,主要工艺系统的拆除、结构和部件的拆除,其他系统和部件的拆除等;"废物处理、贮存和处置"(主要活动05)根据不同的废物类型(如高放废物、中放废物)进行划分,并在第二级活动中区分遗留废物和退役废物的管理。

第三级活动提供了进一步细分的活动。例如,根据剩余系统的排水情况活动可划分为拆除前去污、清除污泥、系统净化及建筑表面的去污。退役产生的低水平废物的管理根据其特征划分为处理、最终整备、贮存、运输、处置及容器的采购。第三级活动是制定总体成本估算的基本组成模块,因此必然会出现的结果是,为了转换根据其他成本结构进行的估算,成本估算师需要首先在第三级活动中找到对应关系。

成本估算师可以在成本结构中增加额外的层级。例如,为了区分与电厂特定部分或特定系统相关的成本,或者为了根据退役项目的特定时间段区分成本。

2. 成本类别

每个级别都定义了如下 4 个成本类别。

(1)劳动力成本——支付给员工的费用,根据国家立法确定的社会保障和健康保险费用,以及管理费。

(2)投资成本:资本、设备、材料成本。

(3)消耗成本:消耗品、备件、税费等。

(4)不可预见费:为确定的项目范围内不可预见的成本要素提供的具体规定。

3. 成本标准化清单展示平台

与最初的"黄皮书"一样,国际退役成本估算结构的重要目标是基于标准化报告结构,促进退役成本报告更加统一。展示格式是反映分层成本结构的矩阵(表0-1)。

表 0-1　成本标准化清单展示平台的结构

第一级	第二级	第三级	活动	劳动力成本	投资成本	消耗成本	不可预见费	总成本	用户定义数据扩展		
01			退役前活动								
	01.0100		退役计划								
		01.0101	策略计划								
		01.0102	初步计划								
		01.0103	最终计划								
	01.0200		设施源项调查								
		01.0201	设施详细源项调查								
		01.0202	有害物质的调查和分析								
		01.0203	建立设施源项数据库								
	其他										
02			设施停堆活动								
03											
04											
05											
06											
07											
08											
09											
10											
11											
总计											

成本数据在第三级引入举证,第一级和第二级的数据则来自更低一层的数据汇总。用户可以自行决定,通过增加额外的列来扩展矩阵,以涵盖其他数据,如劳动力、照射、废物数据。每个活动的总成本是 4 个基本成本组的总和。

4. 将国际退役成本估算结构应用于退役成本估算中

本书就国际退役成本估算结构的使用提供了通用指导,突出体现在以下几方面。

(1)假设和边界条件的定义——提供了典型假设和边界条件的详细列表,以帮助用户检查估算中所含活动范围的完整性。

(2)数据的质量保证和可追溯性——为开展退役成本估算所需数据的管理、更新和可追溯性提供指导。

(3)成本估算中的不可预见费——提供了关于成本估算应如何反映不可预见费的指导,以应对与确定项目范围内可能发生的活动相关的不确定性。

第 1 章 概　述

1.1　背　景

通常人们需要为所有核设施编制退役计划并进行相关的成本估算。此类估算对于确定是否正在收集必要的资金以支付设施退役的成本(即使废弃核设施解除监管所需要开展的活动成本)非常重要。所涉及的活动包括测量材料、构筑物和土壤中的放射性水平、去污、拆除工厂设备、拆除建筑物和构筑物,以及由此产生的材料管理。

退役成本估算有多种用途,取决于退役项目所处的阶段及其对应的受众。在项目概念设计阶段,退役成本估算的主要目的是便于设计单位和客户机构确定项目总成本。在项目需要获得许可批准阶段,政府部门和利益相关方需要确定现有的安排足以支付退役成本所需的资金。在核设施结束运行时,退役成本估算为拆除和现场清理作业的详细计划提供了依据。

因为各国对成本估算涉及的退役活动内容、退役时间框架、退役终态的要求不同,因此各国成本估算的格式、内容和实践存在很大差异。这些差异使审查估算的过程更加复杂,并导致缺乏透明度。如果能够较容易地将结果与其他类似设施的估算结果进行比较,可以增强相关方对估算准确性的信心。

本书的原始版本[1]于1999年发布,旨在为退役项目提供成本条目和相关定义的标准化清单,以促进估算更加统一,利于沟通,避免对不同成本评价得出的结论产生歧义。提议的标准化成本结构已在几个国家应用,直接用于成本估算,或将本国的估算结果映射到通用结构上进行比较。

1.2　范　围

本书实现了最初的目标,即根据使用过程中获得的经验,及时对成本条目的标准化清单进行评价,并根据评价结果进行更新。2009年进行了此类评价,得出的结论是,更新应侧重于解决以下问题。

(1)确保成本结构不同层级的总体一致性,避免具体成本条目定义的歧义。

(2)为标准化结构的应用提供指导,从而促进使用该结构的一致性。

本书提出的成本结构可用于估算任何类型核设施的退役成本,旨在将项目计划范围内的所有成本都反映在该结构中。该结构也可以作为与项目范围外的风险相关的成本计算的基础,尽管本书并未就该问题进行深入的探讨。

1.3　目　　标

本书的两个主要目标如下。

(1)提出 1999 年首次发布的标准化成本结构的更新版本,即国际退役成本估算结构。

(2)为开展核设施退役成本估算,特别是使用标准化成本结构进行估算提供通用指导。

1.4　本　书　结　构

本书第 2 章总体介绍退役成本估算,包括概述目前使用的主要估算方法,以及成本估算与退役活动时间表之间的密切联系。第 3 章介绍修订后的成本结构(即国际退役成本估算结构),第 4 章为应用国际退役成本估算结构提供指导。

正文由以下附录支持。

附录 A 成本条目层次结构总结。

附录 B 退役成本估算中的假设和边界条件列表。

附录 C 质量保证和不可预见费。

附录 D 成本条目的标准化定义。

附录 E 术语表。

第2章 退役成本估算

2.1 退役成本估算的要求和目标

核设施所有者或许可证持有者通常负责制订退役计划、成本估算和融资机制[2,3]。他们需要定期将其提交给指定的主管当局批准,该主管当局有可能是核安全监管机构,也有可能不是核安全监管机构。这通常发生在3~5年的时间。部分国家要求开展成本效益分析,以支持选择特定退役策略的决定。主管当局还可审查用于确保退役资金充足的融资机制。

利益相关方越来越多地参与对退役计划的审查,以及对终态甚至是成本估算和资金安排的决策。这可通过当地信息委员会或社区监督委员会促进协商进程,该委员会可就技术问题发表意见,并对核设施退役计划产生影响。

2.2 成本分类和准确度

通常有3种类型的成本估算可以使用,每种类型的准确度都不同。成本估算类型总结如下。

(1)数量级估算:无详细工程数据的估算,使用放大或缩小系数和近似比例进行估算。该项目的总体范围可能尚未明确界定。预期精度水平为-30%~50%。

(2)预算估算:基于流程图、布局和设备细节进行估算,范围已确定,但尚未进行详细工程设计。预期精度水平为-15%~30%。

(3)最终估算:项目的详细信息已准备好,其范围和深度已明确。工程数据包括平面图和立面图、管道和仪表图、单线电气图和结构图。预期精度水平为-5%~15%。

从这些估算类型和相关的准确度水平可以明显看出,即使在最准确的情况下,最终估计也只能精确到-5%~15%。成本估算师需要对输入数据支持的水平进行判断。在为项目确定资金基础时,估算值包括足够的准备金(或不可预见费),以应对可能发生的预算超支。

2.3 估算方法概述

成本可通过多种方式进行估算。成本数据的部分来源包括其他退役项目记录下来的经验、估算手册和设备目录性能数据。开展成本估算的技术必然会受到以下因素的影响:项目的定义程度和先进水平、数据库、成本估算技术、时间、成本估算师的可用性,以及可用的工程数据的水平。一些常见的估算技术如下。

2.3.1　自下而上法

通常,一份工作说明书和一组图纸或规范可用于提取完成给定活动中执行的每个单独的任务所需的材料数量。从这些数量中,可以得出直接劳动力、设备和管理费用。

2.3.2　具体类比法

具体类比取决于先前估算中使用的条目的已知成本,作为新估算中类似条目成本的基础。对已知成本进行调整,以反映性能、设计和运行特性等相对复杂内容的差异。

2.3.3　参数化法

参数化估算需要类似系统或子系统的历史数据库。对数据进行统计分析,以找出成本驱动因素与其他系统参数(如设计或性能)之间的相关性。通过该分析得到成本方程或成本估算关系,这些方程或关系可以单独使用或组合成更复杂的模型。

2.3.4　成本审查和更新法

成本审查和更新法可以通过检查以前相同或类似项目的估算情况,来确定内部逻辑、范围完整性、假设和估算方法以开展估算。

2.3.5　专家意见法

当其他方法或数据不可用时,可以使用专家意见法。可反复咨询几位专家,直到达成一致的成本估算。

自下而上法被广泛用于估算退役成本。其通常利用一座建筑,在该建筑中,整个退役项目被划分为独立的、可测量的工作活动,可以假设这些活动在类似的工作环境中进行。该划分提供了足够的详细程度,以便独立活动的估算可应用于所有发生的活动[4]。对于某些成本估算方法,用于成本估算的活动可以直接取自用于项目管理的工作分解结构(work breakdown structure,WBS)。工作分解结构可用于将成本要素和工作活动分为彼此直接或间接相关的逻辑分组。

用于成本估算的活动通常与会计系统或用于预算和跟踪退役成本主要要素的会计科目表有关。它们通常以分层格式排列。因此,成本结构的最顶层包括整个项目,第二级反映了收集项目成本的主要成本分组,下一级代表该成本分组的每个直接或间接成本类别的主要组成部分。后续级别通常用于跟踪分组的各组成部分的详细信息,以便能够清楚地了解所有成本基础。

用于主要项目的项目管理或会计软件通常以科目表的形式确定成本类别。会计科目表用于对劳动力、设备、消耗品、资本支出、回收服务、运输或处置服务的各个成本条目进行预算和严格的成本控制[5]。

2.4　成本要素定义

将成本要素进行分类,以更好地确定它们如何影响总体成本估算是有建设性的,也是有帮助的。为此,成本要素被细分为活动相关成本、工期相关成本、附带和特殊条目成本。不可预见费是成本的另一个要素,由于该成本要素的独特性质,它以行条目为基础应用于每个要素中。

2.4.1　活动相关成本

活动相关成本是指与执行退役活动直接相关的成本。此类活动的成本包括去污、移除设备、拆除建筑物,以及废物包装、运输和处置。这些活动可使用单位成本和工作生产率因素(或工作难度因素),针对工厂和构筑物的库存制定退役成本和时间表。

2.4.2　工期相关成本

与工期相关的成本包括主要与项目工期相关的活动,即工程、项目管理、拆解管理、许可、健康与安全、安保、能源和质量保证。这些主要是管理人员配置水平的成本,可根据项目各个阶段的工作范围估算人力负荷和相关间接成本来确定。

2.4.3　附带和特殊条目成本

除了活动和工期相关成本外,还有附带和特殊条目成本,如建造或拆解设备的采购、场地准备、保险、财产税、保健物理用品、液态放射性废物处理和独立核查调查。这些条目不属于任何其他类别。其中一些成本(如保险和财产税)的编制是从业主提供的数据中获得的。

2.4.4　不可预见费

不可预见费可以定义为"在确定的项目范围内对不可预见的成本要素做出的具体规定,特别是与估算和实际成本相关的既有经验表明可能发生成本增加的不可预见事件的情况"[5]。

退役成本估算中的成本要素是基于在规定的项目范围内开展活动的理想条件,无延误、中断、恶劣天气、工具或设备故障、技能工人罢工、废物运输问题或填埋设施废物接收标准变更、预期电厂停堆条件变更等情况。与任何重大项目一样,发生的事件不在基准估算中考虑,因此采用了不可预见费。早期退役成本估算包括项目总成本 25%的不可预见费。更新和更准确的方法以行条目为基础计算不可预见费,得出成本估算的加权平均不可预见费。行条目不可预见费的依据之一是原子工业论坛(Atomic Industrial Forum,AIF)/国家环境研究项目(National Environmental Studies Project,NESP)的研究成果[4]。该研究讨论了退役过程中可能发生的不可预见事件的类型,并提供了适用于各种活动的指南。

成本估算包括对确定为废料和/或可回收废品,或从未接触过放射性或危险材料污染的材料的可回收废品价值的评估。可回收废品被定义为对于特定设施的已确定为具有可转售或可再利用的市场已移除的材料。泵、电机、储罐、阀门、热交换器、风扇、柴油机和发电机是典型的可回收部件。废料是指经证明未受污染或未活化的已移除的材料,可作为原材料出售给废料经销商进行最终再循环。废料包括铜线和母线、不锈钢板和结构件、碳钢和不锈钢管、碳钢结构型材、梁和板等。

2.5 成本估算过程概述

全面的成本估算过程包括项目概述、评估或选择的方案、对方法至关重要的假设、成本要素和工作计划的细节,以及主要成本驱动因素的总结。虽然没有固定的流程格式,但有逻辑指导原则可供遵循,以利于跟踪和比较成本估算。

2.5.1 工作范围

项目的工作范围需要在评估开始时明确说明,以确保评估人员和读者了解评估中包含的内容以及所需的工作量。该范围确定了要移除和拆除的系统与构筑物的假设及排除事项,以及所需的场址修复量。

2.5.2 退役策略

待评估的退役策略,通常包括立即拆除、延缓拆除和就地掩埋等选项。

2.5.3 信息收集

厂址特定估算需要使用定义的工程数据,包括厂址和平面布置图、总布置图和建筑图、管道和仪表图、单线电气图、设备规范和参考手册,以提供待去污和拆除的设施系统与构筑物的基础信息。数据收集包括现场放射性和危险材料特性表征信息;厂址系统和构筑物的具体清单;当地熟练劳动力和管理人员的劳动力成本;当地消耗品和材料成本;税收、保险、工程和监管费用。

2.5.4 成本估算的编制

将单位成本应用于每项拆除活动的系统和构筑物清单,以提供与活动相关的成本。项目管理人员费用的估算提供了与项目执行期间相关的费用。将附加成本和不可预见费添加到退役总成本中。

2.5.5 进度计划的编制

总体进度计划是根据逻辑和计划的活动顺序制订的。每项活动的持续时间是根据各个活动步骤进行估计的。其后,再根据评估顺序,获得完成工作的关键路径。迭代通常是必要的,以制订合理的进度计划。该活动通常使用计算机软件制订进度计划。

退役成本估算和进度计划不是独立的文件;从概念到最终实施,它们是项目计划的一个组成部分。成本估算和进度计划是不可分割的,因为成本的变化会影响这些活动何时完成,而进度计划的变化则会影响总成本。准确的成本估算和进度计划提供了跟踪成本与项目执行能力。

2.6　退役策略识别

选择核设施退役策略的过程可能非常复杂。决策必须基于众多因素,以符合监管导则、所有者/许可证持有者的目标、利益相关方的利益、资金限制、时间问题、技术可用性和人员知识因素。通常有 3 种公认的退役策略被认为是设施处置的潜在方法——立即拆除、延缓拆除和就地掩埋[6]。一般不考虑不采取行动的选项,因为这将涉及将清理负担转移给下一代。

3 种策略说明如下。

2.6.1　立即拆除

该策略在停堆后不久启动,如有必要,在短暂过渡期后开始,为退役策略的实施做好准备。预计退役将在过渡期后开始,并分阶段或作为一个独立的项目继续进行,直到达到批准的终态,通常包括解除设施或厂址的监管控制。

2.6.2　延缓拆除

拆除可能会推迟几十年。延缓拆除是指将设施或厂址置于安全状态一段时间,然后进行去污和拆除的策略。在延缓拆除期间,实施监督和维护计划,以确保维持所需的安全水平。在停堆和过渡阶段,有必要采取针对设施的措施,以减少和隔离源项(例如,移除乏燃料、整备废物、剩余的运行废物、遗留废物),为设施/厂址的延缓拆除阶段做好准备。

2.6.3　就地掩埋

就地掩埋是一种将剩余的放射性物质永久封装在现场的策略,应有效建立起低、中水平放射性废物处置场,以及废物处置场的建立、运行和关闭的要求与控制措施。由于大多数动力反应堆含有的放射性核素浓度在 100 年后仍将超过无限制使用的限值,因此该策略方案意味着通常需要长期限制该厂址的使用。

2.7　退役阶段、工作范围、主要活动

核设施退役后即停堆(停止运行并移除大量高风险易获得的放射性物质(如乏燃料和密封源)以及高度危险的反应性化学品(如大量酸和碱))。退役过程可分为 6 个主要阶段,每个阶段都涉及不同的具体活动。对其进行成本估算和进度计划编制时应了解这些阶段以及完成这些阶段所必须执行的活动。

2.7.1　初步计划

初步计划阶段可能会提前(在停堆之前)开始,包括退役方案、概念成本估算和进度计划、废物产生和处置估算的初步评估,以及对工作人员和公众的照射量估算。目标是确定主要方案和融资方法,以满足所有者/许可证持有者的需求,并满足监管机构的要求。

2.7.2 详细工程和评估

详细工程和评估阶段包括计划与具体工程可行性评估。通常在设施永久关闭后,当剩余的放射性和危险材料稳定并可通过测量与计算进行盘点时开始。该阶段包括与监管机构和利益相关方的互动,以使其接受该方法,特别是拟定的设施终态。

2.7.3 休眠以延缓拆除

休眠以延缓拆除阶段(如适用)包括在延缓拆除前将设施安全贮存至休眠期,包括排放系统、停用休眠期间不需要的电气系统、清除遗留废物、修改安保系统、提供环境监测。

2.7.4 就地掩埋

就地掩埋阶段(如适用)包括将设施置于安全贮存区,以便掩埋,包括排放系统、停用掩埋期间不需要的电气系统、处置遗留废物、修改安保系统以及提供环境监测。所有待保留的放射性系统和构筑物都被封闭在掩埋边界内,并被密封以防止意外进入。

2.7.5 拆除操作或实施

拆除操作或实施阶段是指退役的实际执行活动。它还可能涉及系统和构筑物的移除、包装、运输、贮存或处置,以满足终态目标。例如,对于核电站,这将包括拆除蒸汽发生器、增压器、反应堆冷却剂泵、反应堆容器和内部构件、所有安全相关系统和构筑物、涡轮发电机、冷凝水系统、给水系统、水冷却系统、消防系统,最后拆除建筑物。对于燃料循环设施,这涉及拆除主要工艺系统和设备。

2.7.6 关闭和终止许可证

关闭和终止许可证阶段用于最终拆除构筑物和场址修复,并进行最终的场址调查,以证明已移除所有高于可接受水平的放射性物质,许可证可能被终止。

2.8 影响退役策略选择的一般要素

影响退役策略选择的主要因素需要以具有逻辑性和透明的方式加以解决。这些因素如下。

(1)国家政策和监管框架。

(2)实施策略的财政资源/成本。

(3)乏燃料和废物管理系统。

(4)健康、安全和环境影响。

(5)知识管理和人力资源。

(6)社会影响和利益相关方参与。

(7)适当的技术和工艺的可用性。

这些主要因素中的每一个都需要在特定厂址的基础上对退役设施进行进一步界定。

在初步计划阶段,需要仔细注意子因素的选择,并对其进行全面评估,以确保所有利益都得到适当满足。

可以使用多属性效用分析(multi-attribute utility analysis,MUA)方法来评估所识别的因素及其相关的子因素[7]。该过程包括列出所有因素,并为这些因素分配数值评级和权重,然后比较各方案的总得分。如有必要(例如,当两个方案得分非常接近时),可以进行敏感性分析,以检查首选方案是否为稳妥的选择。但应注意的是,策略选择研究(即使使用多属性效用分析等方法)涉及判断和主观方面,可能会引发对结论的质疑。在策略选择过程中,该问题越来越多地通过公众参与(与利益相关方的对话)的方式来解决。由专家小组参加的研讨会可以促进甄选过程。

由于退役策略的选择通常发生在初步计划阶段,因此作为选择基础的成本估算必须足够稳健。虽然在此阶段可能无法获得详细的成本信息,但需要明确说明与强调估算所依据的假设和边界条件(参见附录 B)。经验表明,成本估算的这一方面经常被忽视,或者在某些情况下被忽视,并且做出的决策可能对所有可行方案都不可靠。所有者/许可证持有者必须参与假设的选择,并详细评估每一个假设。这一阶段的敏感性研究在清楚理解每个假设对最终结果的影响方面发挥着重要作用。必须向管理层简要介绍每个假设,以确保他们了解其重要性以及策略决策在多大程度上取决于该假设。当两个或多个策略的成本估算过于接近时,需要进行进一步的敏感性分析,以区分重要方面,从而做出合理的决策。

第 3 章　成本结构层次

3.1　概　　述

国际退役成本估算结构为标准退役活动设定了层次结构,涵盖了各类型核设施退役项目中所有类型的活动,不受系统和构筑物的规模、组成/复杂性及辐射条件等因素的影响。将具有代表性的典型退役活动整理为11组类似活动,即主要活动。主要活动大体上反映了退役项目的主要阶段。

制定国际退役成本估算结构的基本目标之一是提供一份典型的、具有代表性的退役活动清单,这些活动在国际退役成本估算结构中仅出现一次,但是在实际的退役项目中可以重复发生,主要取决于待退役核设施的源项结构或退役项目各阶段的划分。

主要活动级别以两位数进行编号,如下所示。

01 退役前活动。

02 设施停堆活动。

03 安全封闭或就地掩埋的补充活动。

04 控制区内的拆除活动。

05 废物处理、贮存和处置。

06 现场基础设施和运行。

07 常规拆解、拆除和场址修复。

08 项目管理、工程技术和支持。

09 研发。

10 燃料与核材料。

11 杂项支出。

下一级别活动以6位数编号,第一组两位数字代表第一级活动(主要活动),第二组两位数字代表第二级活动(活动组),第三组两位数字代表唯一的第三级活动(典型活动)。典型活动是成本计算纳入结构的基本退役活动,是国际退役成本估算结构的最低强制性级别,如图0-1所示。基本退役活动的详细程度和范围根据所处的退役计划的不同阶段(从初期估算至详细退役计划)而不同。

为便于参考,本书在附录A提供了构成国际退役成本估算结构的完整活动清单,在附录B提供了用于定义成本估算的活动所依据的假设和边界条件列表。

第一级和第二级为聚合级,见表3-1所列的示例。

表 3-1　活动组 04.0500 主要工艺系统、构筑物和部件的拆除示例

主要活动	04 控制区内的拆除活动
活动组	04.0500 主要工艺系统、构筑物和部件的拆除
典型活动	04.0501 反应堆内部构件的拆除
	04.0502 反应堆容器和堆芯部件的拆除
	04.0503 其他主要回路部件的拆除
	04.0504 燃料循环设施中主要工艺系统的拆除
	04.0505 其他核设施中主要工艺系统的拆除
	04.0506 外部热屏蔽层/生物屏蔽层的拆除

　　为方便成本计算,基本退役活动可根据退役项目的工作分解结构纳入成本计算结构,或直接根据国际退役成本估算结构增加更多的编号层级(见第 4 章)。可在第三层级以下增加编号级,比如用于区分退役项目的各个阶段或反应堆等复杂设施的退役。此类附加编号也有助于对第三级国际退役成本估算结构条目的理解。

　　退役项目的阶段划分可能导致同类型的活动在该项目的不同阶段重复出现。使用附加的、针对项目的编号便于区分退役项目各个阶段的参数。

3.2　第一级:主要活动

3.2.1　主要活动 01

　　"退役前活动"是指在退役项目获得许可之前开展的活动,包括项目承包(如果以主承包商或多承包商模式实施项目)。在初步成本可行性研究(甚至可能在设施试运行之前)至编制详细的退役文件的整个过程对这些活动进行分级,以便获得许可和计划。这些活动大多是具体的工程技术、计划和管理活动,由业主方的工作人员和编制退役文件的专业承包公司完成。

3.2.2　主要活动 02

　　"设施停堆活动"包括在停堆后直至获得退役许可证之前的过渡期内完成的活动[8]。这些活动的主要目的是使用经验丰富的操作人员根据具体情况提供专业服务,为核设施的退役做好准备。一般而言,在主动退役阶段开始时(在执行所有主要活动 02 活动之后),核设施中应不存在历史/遗留废物(运行废物和历史放射性废物),系统不存在任何工作介质,一回路系统通过操作流程(如果污染密集可能需要修改)由工作人员进行去污。这种情况在老旧设施或事故后停堆的设施中是很难实现的。在这些情况下,退役项目的假设和边界条件应界定项目相对于主要活动 02 的起始位置。

　　主要活动 02 有时由退役基金以外的资金支付。该情况因国家而异,应在退役项目的假设和边界条件中确定。一些成本较高的活动已列入主要活动 02,如冷却剩余的燃料,除非根据与退役有关的国家立法将其排除在外。这一点应在项目的假设和边界条件中说明(见

附录 B）。

主要活动仅包括利用现有运行程序和工作人员清除运行废物;退役所需的材料(如通风过滤器、校准用源等)应视为保留在设施内。废物的进一步处理、贮存和处置包含在主要活动 05 中。主要活动 05 介绍了历史/遗留废物的回取。

3.2.3 主要活动 03

"安全封闭或就地掩埋的补充活动"包括需要为延缓拆除的退役场景进行的准备活动。这些活动是设施安全封闭准备工作所必需的,以确保安全封闭期间的长期稳定性和安全性。本主要活动不在立即拆除的退役场景中实施。如果设想在安全封闭准备阶段对选定的系统和建筑物进行部分退役,则在主要活动 04~11 中处理这些活动。

对于特定的掩埋退役场景,本主要活动还包含实现最终掩埋状态所需的准备活动。实现最终状态之前的其他活动在主要活动 04~11 中进行。

3.2.4 主要活动 04

"控制区内的拆除活动"包括从控制区移除受污染和被活化的系统与构筑物,以及在控制区外确定的受污染物品的活动。拆除前,要进行采购活动、准备活动和拆除前去污活动,以确保安全拆除。根据设施类型和拟拆除的部件与材料组织拆除。清除污染还包括清除建筑物表面的污染、拆除房屋内的嵌入构件,以及清除核设施房屋外的受污染部件和土壤。该主要活动不包括废物管理。在这一阶段结束时,可对建筑物进行最终放射性调查。如果这是所选退役策略的一部分,则这些建筑物可进行常规拆除(主要活动 07)。

3.2.5 主要活动 05

"废物处理、贮存和处置"包括管理历史/遗留废物,以及主要活动 04(控制区内的拆除、一次和二次废物)和主要活动 07(控制区外的拆除和建筑物拆除)中采取的活动所产生的退役废物的所有活动。该主要活动从一开始就包括建立废物管理系统并为其提供运行支持,该系统应涵盖为退役项目确定的所有类型的废物。退役项目的假设和边界条件应界定待处理废物的范围与类型,包括主要活动 02(在退役项目之外的标准情况下)的运行废物的管理。根据废物类型组织废物管理。按照国际原子能机构安全标准《放射性废物的分类》一般安全导则第 GSG-1 号[9]规定的分类执行。

如果需要进行特定的预处理或处理活动(如破碎、去污、超级压缩、焚烧),则可按照用户的定义,在成本结构的第四级上表示这些活动。其他废物管理步骤,包括各类废物的最终整备、贮存、处置、运输和特性鉴定活动,按国际退役成本估算结构中的第三级活动进行。各类废物的最终状态是在针对不同级别废物的放射性废物处置库、危险废物处置库或常规倾倒场处置;可重复使用材料则将无条件解控或有条件解控。退役项目的废物管理系统也可作为共享系统建立,可涵盖多个退役项目。废物管理系统的退役应在假设和边界条件中界定,并在主要活动 05 中实施。

3.2.6 主要活动 06

"现场基础设施和运行"包括与现场安全和监督、现场运行和维护、现场保养、支持系统运行,以及辐射和环境安全监测有关的活动。这些活动确保了现场的安全和退役活动辅助系统的可操作性。

项目的各个阶段对这些活动的需求可能会有很大的不同,特别是在延缓拆除的情况下,以及处于主要退役期阶段,因为随着退役的进行,对这些活动的要求越来越低。根据实际情况来分配这些活动非常重要。

3.2.7　主要活动 07

"常规拆解、拆除和场址修复"包括控制区以外房屋内系统的常规拆除和构筑物拆除活动,这两种活动均适用于原位于控制区内的建筑物(在其解控后,见主要活动 04)和控制区以外的建筑物。其中一些建筑物可翻新以供进一步使用,或可视为退役项目产生的资产。活动还包括场地清理、景观设置以及场地的最终勘测。拆解和拆除产生的常规废物与危险废物的管理包括在主要活动 05 中,其中涉及所有材料(包括放射性废物)的管理。

在某些情况下,场地的解控有明确的限制条件,在场地或其部分的限制使用期内需要额外的资金,这笔资金包括在退役成本中。主要活动 07 包括成本可能很高的条目,特别是常规拆除工作,因此在退役项目的假设和边界条件中确定建筑物与场地的最终状态非常重要。例如,最终状态可能包括不拆除建筑物、拆除至地面以下 1 m 或完全拆除混凝土结构(含地基)。

3.2.8　主要活动 08

"项目管理、工程技术和支持"包括在退役项目的所有阶段与退役活动管理、工程、技术、安全和其他相关支持有关的各类活动。主动退役开始前的活动,如人员进场和建立退役基础设施,以及主要退役活动完成后的后续出场活动,都包括在内。

如果指定主承包商负责整个项目或多个承包商分别实施各自负责的退役活动,则某些活动的成本可按业主成本和承包商成本进行区分。对业主和承包商而言,实施这些活动的条件可能不同,因此应对此类活动进行单独评估。相关情况在国际退役成本估算结构中另行说明。

活动的另一个具体方面是主要活动 08 中的活动描述,这可能需要根据退役项目的阶段而变化,并在单个阶段内也有所不同。主要活动 08 中各类活动的范围可以有很大的不同,因此明确界定不同的活动是很重要的。

3.2.9　主要活动 09

"研发"包括所有与退役项目的特定研究和开发有关的活动,在项目现有信息不足的情况下,研究和开发工作通常由专业机构与公司承包。模型上复杂工作的模拟,可由业主方的工作人员完成,也可分包给专业机构和公司。

3.2.10　主要活动 10

"燃料与核材料"包括退役项目中规定的所有涉及乏燃料和核材料的活动。这些活动可从退役基金、业主资金或国家预算中支出。这种情况不同国家会有所差异,应在退役项目的假设和边界条件中加以界定。

在核电站标准停堆后,通常会将乏燃料从反应堆厂房的冷却系统运送到外部贮存设施进行长期贮存。对于核电站或某些研究堆,由于乏燃料类型、乏燃料损坏或其他原因,外部贮存设备无法使用,这些特殊情况可能会形成很大差异。在这些情况下,乏燃料和/或核材料的缓冲贮存库应在退役项目(建造、许可、运行、退役)中加以考虑,并应将乏燃料和/或核材料从该缓冲贮存库转移出去。

一些研究堆、其他实验性设施以及燃料循环设施可能会出现非典型情况,例如,采用特别计划从研究堆回收高浓缩燃料。

大型乏燃料贮存设备(如核电站燃料库)的退役工作通常按照一个单独的退役项目来组织。

3.2.11　主要活动 11

"杂项支出"包括与退役项目直接相关(即在项目范围内)的成本条目,但不能分配至主要活动 01~10。这些条目的示例包括:因设施停堆或退役的后果而对当地社区进行补偿的过渡计划、为离开待退役核设施的人员制订的养恤金计划或重新获得资格的项目、向当局支付的款项以及各种特定的外部服务或付款,但不直接分配至主要活动 01~10。税费和保险为其他条目。

在一些退役项目中,由于主要活动 02、主要活动 04 或主要活动 07 中的活动,可确定与能重复使用的设备或材料的销售有关的资产。在某些情况下,场址的再利用可能发挥重要作用。

3.3　第二级和第三级:活动组和典型活动

本章解释了根据主要活动 01~11 组织的国际退役成本估算结构第二级和第三级条目的含义。附录 A 提供了国际退役成本估算结构活动的完整清单。附录 D 提供了通常包含在三个层级的国际退役成本估算结构活动中的成本条目的标准化定义,附录 E 为术语表。

3.3.1　主要活动 01:退役前活动

01.0100 退役计划。
　　01.0101 策略计划。
　　01.0102 初步计划。
　　01.0103 最终计划。
01.0200 设施源项调查。
　　01.0201 设施详细源项调查。
　　01.0202 有害物质的调查和分析。
　　01.0203 建立设施源项数据库。
01.0300 安全、安保和环境研究。
　　01.0301 退役安全分析。

01.0302 环境影响评价。

01.0303 现场作业的安全、安保和应急计划。

01.0400 废物管理计划。

01.0401 制定废物管理标准。

01.0402 制订废物管理计划。

01.0500 授权。

01.0501 许可申请和许可审批。

01.0502 利益相关方的参与。

01.0600 管理小组筹备和承包。

01.0601 管理团队活动。

01.0602 承包活动。

1. 活动组(第二级)和典型活动(第三级)说明

(1)由活动组 01.0100"退役计划"组成的活动通常以逐步递增的详细级别进行。

①退役计划的第一阶段在退役项目可行性阶段的成本条目策略(或概念)计划(01.0101)中进行处理。在一些国家,在设施试运行时就已经需要这一级别的退役计划。如果老旧设施在没有任何概念性退役文件的情况下运行,这可能是准备退役的第一步。

②在设施运行期间,这些概念性计划定期更新,最初代表初步计划(即初步退役计划)(01.0102)和最终计划(即最终退役计划)(01.0103),通常在过渡期内最终完成。最终退役计划是支持申请退役许可证的关键文件[10]。成本计算方案中的退役计划活动可反映在多个包中,并根据各个包的范围和详细程度进行分级。01.0101 和 01.0102 反映了初步计划步骤中的设施源项调查。活动组 01.0200 中介绍了用于计划的设施源项调查。计划活动大多是作为承包的专业工程活动进行的,在大型设施中,该活动可由业主直接进行。活动01.0103 还包括对与退役相关的从运行到停堆的过渡期的计划。

(2)活动组 01.0200"设施源项调查"包括开发设施系统和结构以及现场的数据(包括物理、辐射和材料源项调查)。编制最终退役计划需要这些详细数据。在活动组 01.0200 之前,源项调查活动在多个活动中按照分级方法进行,从退役计划 01.0101 初步阶段的大部分书面工作开始,随后在 01.0102 中进行。设施源项调查可由专业工程承包商在运行人员的支持下进行,但在某些情况下,所有人员将由业主提供。在设施源项调查期间收集的源项数据支持安全分析、退役计划、废物管理计划和成本计算。对于有非标准运行事件或事故的设施,设施源项调查尤为重要。

①设施详细源项调查(01.0201)是活动组 01.0300 和活动组 01.0400 的主要信息来源。最终源项调查可分为几个部分,如既有文件分析(如设计、运行以及运行期间的变更);系统、结构和现场的直接检查;从运行人员处收集信息;活化和污染的建模与计算;剂量建模或其他特定活动。01.0201 收集或阐述的数据,在清除工作介质、一回路系统去污、系统排水和干燥,以及清除所有运行废物介质之后,更新为活动组 02.0400 中相关位置的最终值。

②有害物质的调查和分析(01.0202)与设施源项调查并行执行。其主要输出的是废物管理计划、退役计划和安全分析的数据。除了基于建模的源项估算过程外,还采用了与设施源项调查类似的方法。

③建立设施源项数据库(01.0203)包括建立设施源项数据库的系统结构,该数据库用于成本计算、安全评价和计划。01.0201和01.0202收集的数据被引入系统设施资产存量退役数据库,并进行系统维护和/或更新。

(3)活动组01.0300"安全、安保和环境研究"包括研究和分析,这些研究和分析是获得退役许可证的先决条件。根据相关国家立法的要求,停堆活动的安全评价可能不包括在本条目中。在这些情况下,这些活动通常由业主的专项资金提供支持,即不从为退役预留的资金中支出。

①退役安全分析(01.0301)包括根据退役计划范围,为评估过渡期活动(停堆后)和计划退役活动的安全而进行的所有分析/评估(核、辐射和工业安全方面)。这一分析的结果用于支持选择最佳退役策略(包括相关的废物管理系统)、制订退役计划、进行详细计划以及制订与成本条目01.0303相关的计划文件。

②环境影响评价(01.0302)包括根据具体国家的立法进行的活动。这些活动输出的单独文件,通常是退役许可的先决条件。

③现场作业的安全、安保和应急计划(01.0303)包括国家退役立法要求的所有此类文件的详细编制活动。大多数文件通常是许可文件包的一部分。

(4)活动组01.0400"废物管理计划"中成本条目的定义反映了废物管理计划在退役计划中的重要性,特别是在有历史/遗留废物的设施、事故后设施停堆、非标准废物或与其他退役项目或运行中的设施(多设施场地)共用废物管理系统的退役情况下。废物管理计划是主要活动05活动计划的基础文件。

①由活动组01.0400组成的活动与退役计划并行执行,作为一组特定的计划活动,旨在为退役过程的相关部分和废物管理计划制定废物管理标准(01.0401),如单个废物处理技术、材料解控或处置经整备废物的验收标准。

②制订废物管理计划(01.0402)包括根据01.0401准备的选定退役策略、设施源项和数据而制订的废物管理计划。该计划涉及因退役而产生的所有类型的废物,这取决于退役项目的假设和边界条件中所定义的退役开始时的条件,包括历史和遗留废物。运行废物的处理通常作为运行许可证下的一项运行活动进行,并由业主出资支付。

(5)由活动组01.0500"授权"组成的活动包括提交获取退役许可证的申请和随后的许可证评估过程所需的行动。

①许可申请和许可审批(01.0501)包括编制与提交退役许可所需的所有文件(这些文件是在活动组01.0100~01.0400项下编制的),以及编制相关国家立法要求的所有其他文件;从业主方管理许可程序和所有与许可相关的支出。对于具有多个许可退役阶段的退役计划,01.0501包括第一个退役阶段的许可证授予。后续退役阶段的许可证(如需要)和其他部分许可证(如特定去污和/或拆除活动需要)将在08.0201与08.0202中说明。

②利益相关方的参与(01.0502)包括获得退役许可证所需的相关利益相关方的所有活动。这包括可根据国家立法从退役基金或国家预算(如果是国有设施)中供资的活动在内。

(6)由活动组01.0600"管理小组筹备和承包"组成的活动包括专业组在开始退役前的退役准备框架内的活动。

①管理团队活动(01.0601)包括管理和支持01.0100~01.0500及01.0602的活动,以

便在退役开始前进行退役准备工作。在获得退役许可证后,该团队通常将成为项目经理团队的核心——参见活动组 08.0200。随着项目不同阶段的推进,团队的规模也会有所不同,有时在退役不会持续很长时间的情况下,仅由一人组成,在大型退役项目获得许可时,人数最多可达数十人。01.0601 的活动不应与活动组 01.0100~01.0500 中的活动重复。

②承包活动(01.0602)是开发和管理合同的专门活动,不应将其理解为 01.0601 的子组。这些活动便于对是否承包的情况进行比较。该活动包括退役开始前的活动,而退役项目期间的承包包含在活动组 08.0200 中。其应避免与 01.0601 有任何重叠。

2. 主要活动 01 的成本和融资的确定

最终计划(01.0103)通常是指从停堆到退役启动期间的过渡性计划。通常由国家立法机构确定是否将这些活动纳入退役成本估算。在一些国家,这些活动不使用退役基金,而是被纳入运行活动,或使用业主为过渡期拨出的专项资金。核电站通常是这种情况,而对于小型设施,如研究堆或国有研究设施,方法可能有所不同。假设和边界条件中应明确说明过渡期活动纳入的问题,因为这可能对资金来源产生影响。

同样,在一些国家,在 01.0301 中进行的安全分析和在 01.0303 中针对过渡期进行的安全计划未包括在退役安全计划中。在这些情况下,分析和安全计划由业主单独出资。国家立法机构通常会规定哪些活动可由国家控制的退役基金提供支持。

主要活动 01 子活动的准确成本计算基于退役项目的假设和边界条件的明确定义,包括确定哪些活动使用退役基金(或直接从国家预算中支出),以及退役计划中如何处理过渡期。

(1)计划的初期(01.0101 和 01.0102)通常指退役开始前几年或几十年,一般使用业主资金支付。

(2)主要活动 01 中的计划包括编写许可要求的文件。08.0202 中包括制订执行退役活动的实现计划。

(3)应避免不同国际退役成本估算结构活动之间的重叠,例如,01.0601 应与活动组 01.0100~01.0500 明确分开。

主要活动 01 的子活动也与燃料循环设施有关。这些设施的过渡期应在假设和边界条件中明确规定。对于小型设施,如研究堆或实验室,成本可能需要在活动组级别进行估算,因为现有数据不支持更高级别的精确度。

对于具有多个许可阶段的退役项目,主要活动 01 的子活动在对各个退役阶段进行许可之前重复进行。这些活动的成本应包括在主要活动 01 的相关条目中。

主要活动 01 的完成与过渡期结束时的情况相对应,即已获得退役许可证,且设施已准备好开始退役活动。

主要活动 01 的退役活动典型时间表如图 3-1 所示。

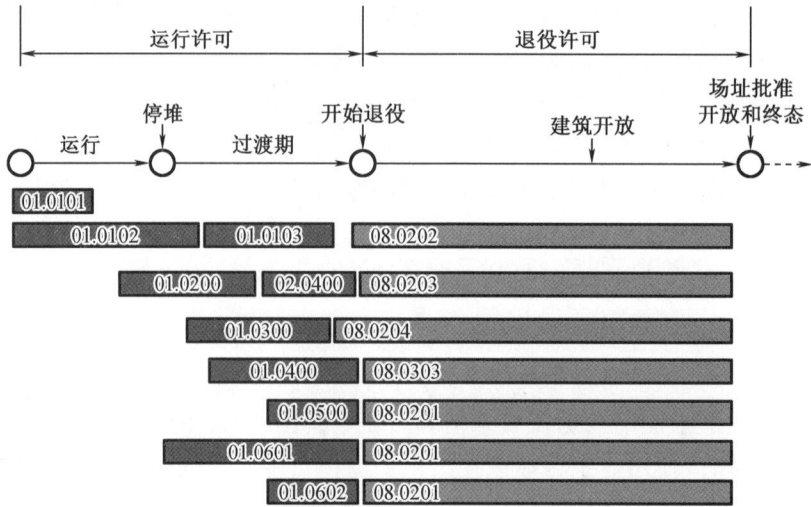

图 3-1 主要活动 01 的退役活动典型时间表

注:以浅灰色显示的活动代表根据退役许可证进行的主要活动 08 的子活动。活动组 02.0400 是活动组 01.0200 在过渡期内的延续,确保在系统排水、干燥和去污之后完成数据收集。

3.3.2 主要活动 02:设施停堆活动

02.0100 核电站停堆和检查。

02.0101 终止运行、稳定核电站、切断和检查。

02.0102 卸载燃料并将燃料转移至乏燃料贮存设施。

02.0103 乏燃料冷却。

02.0104 燃料、裂变材料和其他核材料的管理。

02.0105 电力设备的切断。

02.0106 设施再利用。

02.0200 系统排水和干燥。

02.0201 停止运行的封闭系统排水和干燥。

02.0202 停止运行的乏燃料池和其他开放式系统排水。

02.0203 清除开放式系统中的污泥和产物。

02.0204 特殊工艺流体的排放。

02.0300 封闭系统去污减少辐照量。

02.0301 按运行程序进行工艺装置去污。

02.0302 按附加程序进行工艺装置去污。

02.0400 作为详细计划依据的放射性源项调查。

02.0401 放射性源项调查。

02.0402 地下水监测。

02.0500 清除系统流体、运行废物和冗余材料。

02.0501 清除易燃材料。

02.0502 清除系统流体(水、油等)。

02.0503 清除特殊系统流体。

02.0504 清除去污产生的废物。

02.0505 清除废树脂。

02.0506 清除燃料循环设施中的特殊运行废物。

02.0507 清除设施运行产生的其他废物。

02.0508 清除冗余设备和材料。

1. 主要活动 02 的一般特征

（1）主要活动 02 的反应堆设施的初始状态：设施处于停堆模式；最后剩余的燃料在反应堆中；运行系统流体仍存在于系统中，运行废物（体积和位置）与运行期间相同。在旧设施中，可能存在历史/遗留废物。对于事故后停堆的设施，事故可能会产生额外的特殊废物；在某些情况下，燃料受损，需要特殊程序进行回取和运输。辅助系统的运行程度与运行期间相同。

（2）主要活动 02 的燃料循环设施的初始状态：设施处于停堆模式；处理系统中无剩余的核材料；经处理的核材料（体积和位置）的存在与运行阶段相同；运行系统流体仍存在于系统中；运行废物，包括高放废物（high-level waste，HLW）（体积和位置）的存在，与运行期间相同。假设辅助系统的运行程度与运行期间相同。

（3）主要活动 02 中的废物管理包括将废物运送至指定地点后进行进一步处理之前的清除活动。不包括任何处理成本。

（4）主要活动 02 完成时设施的最终状态：在完成主要活动 02 的活动之后，相关设施（反应堆、燃料循环设施或实验室）在获得退役许可证或同等授权之前不存在任何运行废物。系统将为空干状态，虽然一定量的残留物可能存在。在标准运行和标准停堆之后，通常会达到这种情况。还会有一些情况，如旧设施和事故后停堆的设施，有累积的历史/遗留废物，研究堆积累了实验设备和材料，这些情况并未达到上述状况。这种情况应在相关退役项目的假设和边界条件中明确说明。在这些情况下，特定的附加活动包括在许可退役活动的范围内。这应在退役计划中定义，并在许可证中予以批准。

（5）主要活动 02 的子活动根据运行许可证进行。

2. 活动组（第二级）和典型活动（第三级）说明

（1）活动组 02.0100 "核电站停堆和检查" 的目的是确保停堆活动期间的核辐射安全；管理乏燃料和核材料（即在获得退役许可证之前，确保停堆活动结束时无乏燃料和核材料）；在相关情况下，使设施系统做好退役或再次使用的准备。

①终止运行、稳定核电站、切断和检查（02.0101）包括在与乏燃料冷却有关的停堆活动期间根据实际情况运行辅助系统的所有活动；根据停堆要求对辅助系统进行顺序修改和/或停堆，直至在开始退役、保护和监督措施时支持退役活动所需的程度，以确保过渡期内设施的核安全；这些活动涉及反应堆和燃料循环设施以及实验室。

②卸载燃料并将燃料转移至乏燃料贮存设施（02.0102）包括将燃料从反应堆转移至反应堆建筑内的临时乏燃料贮存设施和/或位于反应堆建筑外的房屋的活动（此项活动可能发生，如在处理研究堆时）。对于标准核电站，本项活动花费很低，但对于核电站在燃料受损事故后停堆的情况，本项活动可能花费很高。将燃料从反应堆转移至临时乏燃料贮存设

施可能包括几个步骤,例如,在更换冷却介质时气冷反应堆的情况。至于研究堆,成本取决于乏燃料管理的具体程序和安排;研究堆的退役项目可能会包括外部临时乏燃料库。该条目的最终状态是将燃料贮存在远离反应堆处。

③乏燃料冷却(02.0103)指乏燃料冷却期间确保核安全进行的活动。这是一个单独的活动条目,因为在一些国家,这些活动使用国家控制的退役基金。与该条目不相关的国家,则不执行该项目。该条目可能是较高成本活动,特别是对于具有相互技术联系的运行系统的多机组大型核电站而言。对于研究堆,本活动条目通常成本极低。本条目与燃料循环设施无关。

④燃料、裂变材料和其他核材料的管理(02.0104)是针对反应堆设施和燃料循环活动的共同条目。对于反应堆设施,本活动条目包括管理未受辐照或部分辐照的核燃料,为其可能的再利用做好准备(如准备运输、运输至最终目的地);对于燃料循环设施,本活动条目包括管理相关设施的产品,如铀、强化铀和钚的活动,视燃料循环设施的类型而定(准备运输、运输至最终目的地)。这两类设施的最终状态均不含任何核材料。

⑤电力设备的切断(02.0105)包括将发电设备与反应堆设施中用于发电的电网永久切断和断开的特定活动。

⑥设施再利用(02.0106)包括改造和/或翻新选定系统或建筑物的活动,这些系统或建筑物将在退役项目之外或在其具有资产价值的情况下重复利用。

(2)活动组02.0200"系统排水和干燥"的目的是使运行系统处于"空干"状态(如果相关)。活动的主体是具有标准运行流体(如水、油)和特殊系统流体(如重水、钠和其他流体)的系统。活动完成后,系统流体即可运输至废物处理设施。

①停止运行的封闭系统排水和干燥(02.0201)是指使用与运行期间相同的程序对这些系统进行排水的活动,包括排污和干燥。此处不考虑去污。可增加附加活动以清除封闭系统中的污泥。清除系统流体和放射性液体的后续活动包括在活动组02.0500中。

②停止运行的乏燃料池和其他开放式系统排水(02.0202)包括乏燃料池(在将乏燃料转移到池外之后)以及反应堆设施和燃料循环设施内其他开放式系统的活动。活动组02.0500说明了清除产生的废液的后续活动。作为排水的一部分,可采用一些易于使用的技术,如高压水枪冲洗,进行一些初步去污。系统排水后,污泥和其他残留物(乏燃料碎片或其他特定物体)可能会残留在系统中,如乏燃料池、燃料循环设施中的开放式处理系统或可从外部进入内部的大型储罐。这些问题在02.0203中进行了说明。在池式反应堆的情况下,如果分段过程涉及水下切割,则池不会被排空。

③清除开放式系统中的污泥和产物(02.0203)包括在02.0202内的开放式系统排水之后清除污泥和特殊条目(乏燃料碎片或其他特定物体)。对于燃料循环设施、老旧设施、长期运行的设施,以及具有特殊历史和遗留废物的设施或在事故后停堆的设施,该条目可能非常重要。可采用一些易于使用的初步去污技术。

④特殊工艺流体的排放(02.0204)包括清除特殊系统流体(如重水、钠),以及冷却气体(如二氧化碳、氦气和反应堆设施中的其他冷却气体)。其目的是使含有特殊系统流体的运行系统处于"空干"状态(如果相关)。排水涉及将特殊系统流体从系统转移至贮存和运输系统的活动。活动可能包括使用运行系统在清除特殊系统流体(气体)之前对其进行清洁。

活动组 02.0500 中介绍了排出的特殊系统流体的清除。

（3）活动组 02.0300"封闭系统去污减少辐照量"的目的是降低系统部件的剂量率，以便于拆除活动。

①按运行程序进行工艺装置去污（02.0301）包括使用与运行期间用于系统去污的类似技术手段和程序的活动。这些程序由运行人员执行，可能会修改为使用通常不包括在标准运行程序中的特定流程进行更强力的去污。

②按附加程序进行工艺装置去污（02.0302）包括运行人员执行的程序，并且可能会修改为使用通常不包括在标准运行程序中的特定流程进行更强力的去污。在适用的情况下，还包括少数专业非运行人员的参与。本活动包括程序的编制和修改、特殊材料的采购、去污系统的修改。

③此处不包括使用外部去污系统（以及封闭运行系统的技术改造）对封闭系统进行去污的其他方法。这些方法在活动组 04.0200 中进行了说明。

（4）活动组 02.0400"作为详细计划依据的放射性源项调查"的目的是更新活动组 01.0200 中开发的设施存量数据。在排水、排污、干燥和去污后，在开始拆除前去污和拆除活动之前，将不会对系统进行其他更改。在这一阶段（在过渡期内进行），在相关的地方再次检查放射性数据，并可能采集额外的样本。这些数据用于去污和拆除活动的详细计划与安全评价。

①放射性源项调查（02.0401）是指核电站和系统部件的现场检查活动，包括附加的计算机建模，其中数据预计会受到排水、排污、干燥和系统去污的影响。

②地下水监测（02.0402）包括获取关于土壤和地下水的最终放射性数据的活动。除了活动的详细计划外，02.0501 和 02.0502 的数据也用于废物管理的详细计划。

（5）活动组 02.0500"清除系统流体、运行废物和冗余材料"的目的是达到设施无任何运行废物的状态。在一些国家，这项活动在正式退役开始之前是强制性的。废物被运送至处理设施。此处不包括对清除废物的后续处理。

①清除易燃材料（02.0501）包括清除液压流体、溶剂、未使用的电缆等活动。

②清除系统流体（水、油等）（02.0502）包括清除 02.0201～02.0203 中排出的系统流体的活动；使用与运行期间相同的程序，将其转移至设施的辅助系统中进行进一步处理（清洁吸附剂上的水或通过蒸发，以及排放/监测）。

③清除特殊系统流体（02.0503）包括清除 02.0204 中排出的特殊系统流体的活动。

④清除去污产生的废物（02.0504）包括清除活动组 02.0300 中产生的去污流体的活动。

⑤清除废树脂（02.0505）包括清除运行废树脂的活动。

⑥清除燃料循环设施中的特殊运行废物（02.0506）包括将高放废物清除至玻璃化设施中的活动，以及清除燃料循环设施特有的所有其他运行废物的活动。

⑦清除设施运行产生的其他废物（02.0507）包括清除在设施运行期间累积的其他运行废物的活动，例如，在某些设施中，高放金属废物可能贮存在反应堆大厅的特殊竖井中。在拆除之前必须清除累积的废物，在某些情况下，可使用远程控制技术。这些活动的成本可能很高。

⑧清除冗余设备和材料（02.0508）包括移除和/或转移在过渡期间变得冗余的设备与

多余备件。这些活动涉及运行人员和运行程序。

3. 主要活动 02 的成本和融资的确定

（1）与过渡期的关系

根据国际原子能机构第 420 号技术文件[8]，过渡期被定义为从设施停堆至收到退役许可证之间的时期。过渡期间将开展各种活动，以便于后期的退役活动顺利进行。应该指出的是，并非在过渡期内进行的所有活动都在主要活动 02"设施停堆活动"中处理。

国际退役成本估算结构用户应区分作为典型退役活动系统清单的所列活动和作为设施寿命周期中的时间间隔的过渡期。主要活动 01 的大部分活动，主要活动 02 的所有活动，主要活动 03~11 的筹备、开始和次要活动均在过渡期间进行。国际原子能机构第 420 号技术文件中提供了关于退役活动定义的其他指南，参见第 1.2 节。例如，一些小型拆除活动和一些拆除活动被列为过渡期进行的活动。这些活动在过渡期间的执行取决于监管机构的相关批准和国家立法的具体要求。

（2）为设施停堆活动融资

主要活动 02 的活动可由各种财政来源供资，如退役基金、停堆设施的业主资金或业主的运营财务手段，若为国有设施，还可由国家预算供资。国家立法通常规定哪些退役活动可由这些基金供资，各国的详细做法通常会有所不同。退役项目的假设和边界条件应界定与主要活动 02 有关的退役活动的范围。

一般而言，主要活动 02 中仅由退役基金供资的活动才包含在退役成本估算中，而由业主资金供资的活动则将单独进行评估。

主要活动 02 的大部分活动由操作人员执行；不符合操作程序的专业活动由被视为专业退役人员或签订合同的人员执行。主要活动 02 的活动管理由 01.0601 中定义的小组执行。原则上，运行人员可执行由退役基金、业主停堆活动的资金和业主的运营手段供资的活动。这样，运行人员的成本可在上述列出的财政来源中分摊。退役成本计算的任务是确定和评估由退役基金供资的活动的成本。在研究堆等国有设施中，情况可能会有所不同。

（3）放射性源项调查

在退役期间可区分几个阶段的放射性源项调查，第一阶段作为概念计划的一部分执行。运行数据主要在早期阶段使用，之后由计算机计算获得的数据进行补充，如对活化的初步评估。这些数据还由核电站检查获得的数据进行补充。这些活动包含在概念计划成本条目 01.0102 中。活动组 01.0200 包括为最终退役计划进行详细计划所需的数据采购。活动组 02.0400 包括为去污和拆除活动进行详细计划所需的排水与去污后附加的数据采购。对放射性数据的最终检查可被视为在进行去污和拆除活动的人员进入个别场所之前，在开始去污和拆除活动时进行的准备活动的一部分，见主要活动 03~04。

（4）移除与拆除

只有使用运行和/或维护手段与程序清除设备和/或多余备件才被列入资产目的（如出售备件、冗余运行设备和工具的收入为例）。设备拆除通常不包含在主要活动 02 中。不再使用的设备的拆除（如辅助系统改造后）包含在主要活动 04 中，部分也包含在主要活动 03 中。

（5）事故后情况

在核设施发生事故后停堆的情况下,主要活动 02 的一些活动也可根据退役许可证继续进行,比如由于过渡期活动的持续时间较长和范围较大等原因。部分不影响主要活动 04、主要活动 05、主要活动 07 执行的活动可同时进行。这一点应在假设和边界条件以及获得退役许可证的条件中说明。主要活动 02 的退役活动典型时间表中介绍了这一情况,如图 3-2 所示。

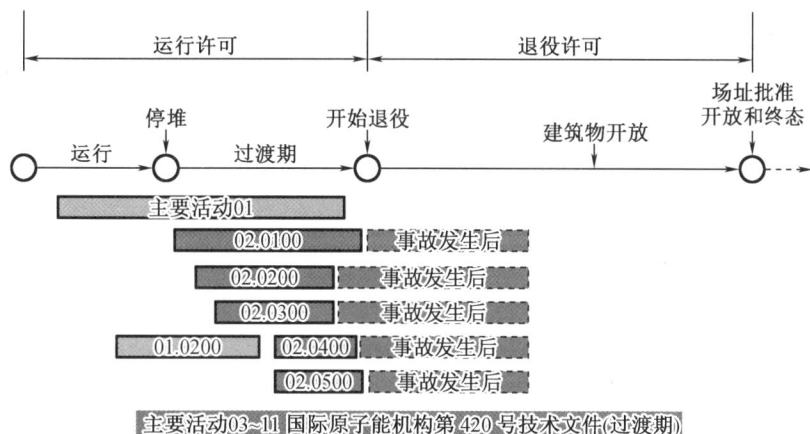

图 3-2　主要活动 02 的退役活动典型时间表

注:最后一行表示过渡期间活动的时间范围。

3.3.3　主要活动 03:安全封闭或就地掩埋的补充活动

03.0100 安全封闭的准备工作。

03.0101 对选定部件和区域进行去污,以便于进行安全封闭。

03.0102 长期贮存分区。

03.0103 清除不适于安全封闭的库存。

03.0104 拆除受污染的设备和材料,并转移至封隔结构中长期贮存。

03.0105 为进行安全封闭的放射性源项调查。

03.0200 现场边界重新配置、切断和保护结构。

03.0201 修改辅助系统。

03.0202 现场边界重新配置。

03.0203 修建临时封闭、贮存点、结构加固等。

03.0204 待修复放射性和危险废物的稳定。

03.0205 设施控制区的加固、安全封闭隔离。

03.0300 设施就地掩埋。

03.0301 设施就地掩埋作为退役策略的最终状态。

03.0302 就地掩埋最终状态的机构监管和监控。

1. 主要活动 03 的一般特征

与主要活动 03 相关的设施初始状态与主要活动 02 的结束状态相对应。主要活动 03

的设备采购没有被规定为一个独立条目,也无须专门的设备。投资成本包含在相关个别条目中。

2. 活动组(第二级)和典型活动(第三级)说明

(1)活动组 03.0100 "安全封闭的准备工作" 是指为达到安全封闭预期的稳定状态而开展的活动。

①对选定部件和区域进行去污,以便于进行安全封闭(03.0101),包括对选定区域和系统进行去污,需要在安全封闭期间通过对选定系统和构筑物进行去污来改善辐射状况,从而进行定期的整备、维护、检查和/或监视。为了避免重复执行主要活动 03 和主要活动 04 中的预拆除活动,在需要时,活动组 04.0300 所列的活动将作为主要活动 04 的子活动,在安全封闭准备期间与主要活动 03 的活动同步执行。

②长期贮存分区(03.0102)包括确定并现场设定安全封闭控制区新物理边界的活动,以及将控制区内的辅助系统修改到安全封闭期所需的水平。

③清除不适于安全封闭的库存(03.0103)包括部分清除不适合长期贮存的设备和/或危险材料的活动。

④拆除受污染的设备和材料,并转移至封隔结构中长期贮存(03.0104),包括设备和材料的部分拆除和/或包装活动。这些设备和材料将始终被安全封闭。

⑤为进行安全封闭的放射性源项调查(03.0105)包括在 03.0201 ~ 03.0203 完成后,获得安全封闭范围内的存量、剂量率和污染的新放射性数据。

(2)活动组 03.0200 "现场边界重新配置、切断和保护结构" 包括修改现场与现场支持系统的活动,以便为安全封闭阶段提供帮助。

①修改辅助系统(03.0201)是指为满足安全封闭的要求而对现场支持系统进行重组的活动(控制区外的系统属于 03.0201 范畴)。

②现场边界重新配置(03.0202)包括现场边界的实物重新配置、访问修改和安全系统修改。

③修建临时封闭、贮存点、结构加固等(03.0203)包括提供临时结构和措施以支持场地修复,这是实现安全封闭状态所必需的。

④待修复放射性和危险废物的稳定(03.0204)包括提供临时结构与措施的活动,以便确保在安全封闭之前从房屋移走的放射性材料和危险废物的安全,直到这些材料被处理、整备和处置(这在主要活动 05 中述及)。

⑤设施控制区的加固、安全封闭隔离(03.0205)包括封锁和保护安全封闭期间未使用的入口,并保护使用入口的活动,以及保护、维护安全封闭控制区的安全和隔离的一般活动。

(3)活动组 03.0300 "设施就地掩埋" 包括完成最终就地掩埋状态的活动和就地掩埋后规定时间内的监管活动。

①设施就地掩埋作为退役策略的最终状态(03.0301)包括在就地掩埋策略下完成设施最终设计状态的活动。本条目仅指完成就地掩埋的最终活动。就地掩埋前的活动在主要活动 04 ~ 11 的活动中完成。

②就地掩埋最终状态的机构监管和监控(03.0302)包括就地掩埋结构、相关场地和环

境、定期报告和其他相关活动的监控活动。

3. 主要活动 03 的成本和融资的确定

（1）主要活动 03 的活动修改了系统和构筑物存量，还修改了部分辐射状况。在计划安全封闭阶段后的退役活动时应考虑这一点。

根据计划的安全封闭范围，在其准备期间可以进行其他退役活动，如在控制区内的配套建筑物内进行全部或部分去污和拆除，以及在控制区外的配套建筑和系统的拆解与拆除，对反应堆建筑进行部分去污、拆解与拆除。所有这些活动都是主要活动 04～11 的子活动，与主要活动 03 的子活动同步进行。

（2）主要活动 03 的最终状态是设施的安全封闭，或者如果是设施就地掩埋策略，则为退役计划中规定的就地掩埋最终状态。

（3）主要活动 03 的活动通常使用退役基金。本主要活动的最终状态包括在延缓拆除的情况下进行的安全封闭设施准备；在就地掩埋策略情况下进行的监管场地准备。

主要活动 03 的退役活动典型时间表如图 3-3 所示。

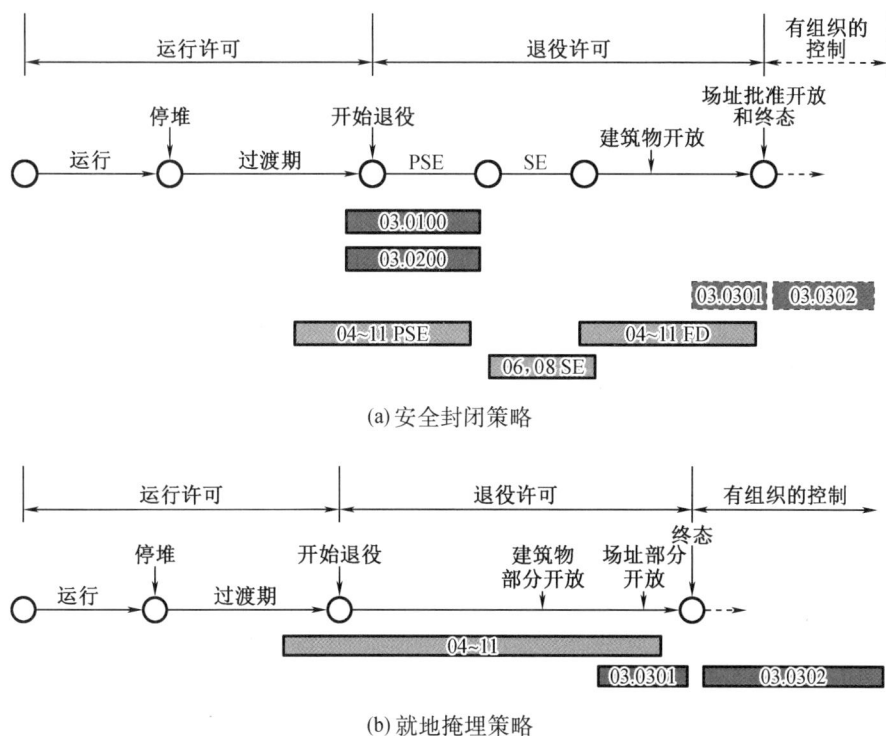

（a）安全封闭策略

（b）就地掩埋策略

FD—最终拆除；PSE—安全封闭准备；SE—安全封闭。

图 3-3　主要活动 03 的退役活动典型时间表

注：图（a）表示主要活动 03 的子活动的典型分布，与延缓拆除策略和国际退役成本估算结构其他主要活动组的关系相对应。图（b）与典型就地掩埋策略对应。在就地掩埋之前，执行主要活动 01～11 的子活动，以达到计划的就地掩埋程度。就地掩埋活动 03.0101 在退役项目结束时进行。原则上，就地掩埋方案可以与安全封闭策略相结合。03.0102 将在最终拆除结束时进行。两种情况下的监管 03.0302 在退役项目结束后进行。

3.3.4　主要活动 04：控制区内的拆除活动

04.0100 去污和拆除设备的采购。

　　04.0101 一般现场拆除设备的采购。

　　04.0102 人员和工具去污设备的采购。

　　04.0103 反应堆系统拆除专用工具的采购。

　　04.0104 燃料循环设施拆除专用工具的采购。

　　04.0105 其他部件或构筑物拆除专用工具的采购。

04.0200 拆除准备和支持措施。

　　04.0201 支持拆除的现有服务、设施和场地的重新配置。

　　04.0202 拆除的基础设施和后勤准备。

　　04.0203 拆除过程中的持续放射性源项调查。

04.0300 拆除前去污。

　　04.0301 剩余系统排水。

　　04.0302 清除剩余系统中的污泥和产出物。

　　04.0303 剩余系统去污。

　　04.0304 建筑物内部区域去污。

04.0400 特殊材料拆除。

　　04.0401 隔热层拆除。

　　04.0402 石棉拆除。

　　04.0403 其他有害物质清除。

04.0500 主要工艺系统、构筑物和部件的拆除。

　　04.0501 反应堆内部构件的拆除。

　　04.0502 反应堆容器和堆芯部件的拆除。

　　04.0503 其他主要回路部件的拆除。

　　04.0504 燃料循环设施中主要工艺系统的拆除。

　　04.0505 其他核设施中主要工艺系统的拆除。

　　04.0506 外部热屏蔽层/生物屏蔽层的拆除。

04.0600 其他系统和部件的拆除。

　　04.0601 辅助系统的拆除。

　　04.0602 剩余部件的拆除。

04.0700 清除建筑结构中的污染物。

　　04.0701 建筑物中嵌入件的拆除。

　　04.0702 受污染结构的拆除。

　　04.0703 建筑物去污。

04.0800 清除建筑物外部区域的污染物。

　　04.0801 地下受污染管道和结构的拆除。

　　04.0802 受污染土壤和其他受污染物品的移除。

04.0900 为建筑物开放进行的最终放射性调查。

04.0901 建筑物的最终放射性调查。

04.0902 建筑物的解控。

1. 主要活动 04 的一般特征

（1）主要活动 04 处理控制区内的系统和结构的去污与拆除，以及在控制区外的现场确定的受污染物品。

（2）主要活动 04 的子活动管理，包括日常计划、许可、批准，由活动组 08.0200 处理。主要活动 04 涵盖的人员成本与执行主要活动 04 各项活动的工作组人员有关，包括一级经理（工长）。活动组 08.0200 还涉及正在进行的拆除计划，包括制订详细计划，以确保安全、经济有效和及时的去污与拆除。

（3）拆除可能有几种可选方案——整体拆除、现场人工或远程拆分，以进行进一步处理或直接处置等。去污和拆除活动还涉及所有准备、支持与修整活动。拆除活动的最终状态对应于准备好运输至贮存或处置的整体部件、准备好运输至贮存或处置的运输容器中的分段部件或被运输至现场或现场边界之外的废物处理设施的运输容器中的分段部件。为了给正在进行的退役项目中的成本定期重算提供反馈，并为后续类似退役案例的前端计划和成本计算提供反馈，可以将使用预定表格制作的已执行活动的选定数据记录纳入其中。

（4）主要活动 04 的最终状态对应于准备好无条件解控或拆除的建筑物；污染已被清除到无条件解控水平的已识别的场地污染；拆除后的材料已运至现场工作场所进行进一步处理。

2. 活动组（第二级）和典型活动（第三级）说明

（1）活动组 04.0100“去污和拆除设备的采购”活动包括采购拆除所需设备的活动，涵盖安装、冷热测试、必要时的许可和设备使用期间的维护。采购包括购买、租用以及设计和建造市场上没有的特殊设备。可能涉及远程和/或手动操作的设备和/或系统。设计和建造特殊设备所需的研发活动在主要活动 09 中述及。

①一般现场拆除设备的采购（04.0101）包括一般支持拆除设备的采购，主要是起重和运输设备。设备也可用于主要活动 07 中的非放射性拆除活动。

②人员和工具去污设备的采购（04.0102）包括在拆除过程中对人员与工具进行持续去污以支持辐射防护的设备。

③反应堆系统拆除专用工具的采购（04.0103）包括远程拆除反应堆内部构件和容器所需的设备与系统。

④燃料循环设施拆除专用工具的采购（04.0104）包括燃料循环设施专用工具的采购。

⑤其他部件或构筑物拆除专用工具的采购（04.0105）包括用于去污和拆除的通用设备与工具，大多为现成可用的设备。

（2）活动组 04.0200“拆除准备和支持措施”活动包括准备与促成拆除的活动。

①支持拆除的现有服务、设施和场地的重新配置（04.0201）包括辅助系统与设施的重新配置，以达到支持拆除和场地边界重新配置（如需要）（如通风系统、配电、运输和提升系统）所需的程度。

②拆除的基础设施和后勤准备（04.0202）包括运输路线的准备、拆除材料所需本地运

输容器的准备、控制区的通道调整、电力和其他技术介质的连接、拆除材料的临时贮存区，以及拆除所需的其他基础设施和后勤项目。

③拆除过程中的持续放射性源项调查(04.0203)包括更新放射性数据所需的活动，这些数据在活动组 01.0200 的设施源项调查期间无法完全收集，也无法在活动组 02.0400 中升级。该条目对于燃料循环设施尤其重要，在某些情况下，对于事故后反应堆设施的关闭也很重要。这些活动与系统和构筑物有关，只有在主要活动 04 中进行部分去污和/或拆除后才能进入这些系统和构筑物。

(3)活动组 04.0300"拆除前去污"活动包括在拆除前对系统和构筑物进行去污，以便进行下一步拆除活动和解控产生的放射性废物。

①剩余系统排水(04.0301)包括之前未排水的开放系统的排水活动。这可能包括在开放系统底部发现的残留物，清除这些残留物需要特殊的程序，但这些程序未包含在关闭活动期间的操作程序中。例如，燃料循环设施的一些开放系统；开放系统中的污染流体，其需要进行不同于标准操作程序的操作；乏燃料池，用于贮存包层损坏的燃料。

②清除剩余系统中的污泥和产出物(04.0302)包括污泥与产出物(残留物)的清除活动，这些活动需要特殊设计的程序和工具，包括远程操作。

③剩余系统去污(04.0303)包括在排放污染流体后对乏燃料池和其他开放系统进行去污。同样，燃料循环设施中开放系统的去污包括机械和化学热室中开放系统的去污，以及水池、坑和水沟的去污(如适用)。使用特定程序对封闭系统和设备去污，涉及使用自动去污回路对系统进行去污的程序和设备。主系统和辅助系统或它们的选定部分可以用这种方式去污。这些活动包括自主系统的设计、建造，现场去污准备、去污过程中的系统操作、去污后系统的复原，以及去污后将液态放射性废物转移至废物处理设施。

④建筑物内部区域去污(04.0304)包括控制区内选定区域的去污。在这些区域中，由于剂量率或放射性气溶胶的产生，污染物可能会妨碍拆除活动。它可能包括设备外表面的选择性去污和建筑表面的选择性去污；既适用于反应堆设施，也适用于燃料循环设施，如在运行期间有放射性废液溢出的区域。这些活动的另一个例子是在拆除前对钢衬去污或对大型储罐去污。

(4)活动组 04.0400"特殊材料拆除"包括在拆除前移除特定的危险材料，以便进行拆除活动，执行特定程序。

①隔热层拆除(04.0401)是在对单个场所和系统进行一般拆除前进行的，以便于后续拆除。

②石棉拆除(04.0402)需要特定的程序和安全措施。

③其他有害物质清除(04.0403)包括系统和构筑物中识别的其他危险材料的移除，这些材料应在主要拆除活动之前移除。

(5)活动组 04.0500"主要工艺系统、构筑物和部件的拆除"包括反应堆设施中的反应堆构筑物与各类主要部件的拆除，燃料循环设施和其他核设施中的主要工艺系统的拆除，以及燃料循环设施和其他核设施中的反应堆系统与主要工艺系统附近的外部热屏蔽层/生物屏蔽层拆除。

①反应堆内部构件的拆除(04.0501)包括控制棒叶片和电机、控制棒导向管、蒸汽干燥

器、给水分配环、堆芯围筒(包括固定装置)和通道式反应堆的燃料通道的拆除。包括所有准备活动、持续活动和修整活动。

②反应堆容器和堆芯部件的拆除(04.0502)包括反应堆压力容器顶盖、反应堆堆芯顶盖、反应堆压力容器(包括支撑裙座和隔热层)、石墨结构(包括石墨支撑结构)、慢化剂堆芯部件等的拆除。可以使用以系统为拆除单元的方法,根据反应堆系统的子组件进行拆除和分段。另一种选择是整体拆除反应堆压力容器。远程控制或水下切割装置在此成本条目中述及;所有相关活动都应包含在内,包括切割系统的复原和所有二次(固体和液体)废物的清除。各类反应堆(压水反应堆、沸水反应堆、气冷反应堆等)的拆除程序均可执行。

③其他主要回路部件的拆除(04.0503)包括蒸汽发生器、增压器、一次泵、阀门和管道、沸水反应堆中的汽轮机和冷凝器,以及各类反应堆中的慢化剂罐、回路和其他部件的拆除。

④燃料循环设施中主要工艺系统的拆除(04.0504)包括机械和化学热栅元中主要工艺系统的拆除,以及水池、坑和水沟等部件的拆除。

⑤其他核设施中主要工艺系统的拆除(04.0505)包括其他核设施中的特定主要工艺系统的拆除,如实验室、加速器、医疗设施、热室等。

⑥外部热屏蔽层/生物屏蔽层的拆除(04.0506)包括反应堆设施、燃料循环设施和其他核设施中主要工艺系统周围的各类屏蔽的拆除,这些屏蔽不属于反应堆系统或主要工艺系统的组成部分。混凝土反应堆活化部件的移除也包含在此成本条目中。

总体来说,活动组04.0500还解决了与主工艺系统位于相同处所的次要辅助系统的拆除问题,使得房间法能够在成本结构中得到体现。

(6)活动组04.0600"其他系统和部件的拆除"包括控制区内建筑物通用部件的拆除。房间法是拆除的常用方法,包含以房间为单元进行逐个房间的部件拆除。

①辅助系统的拆除(04.0601)包括各类核设施控制区内主要生产建筑和其他建筑的通用辅助系统。比如,这些系统内的中小直径管道、阀门、电机、罐体、吊架、电气装置元件、标准通风元件和其他通用设备等部件。根据建筑部件(地板和房间)组织拆除,有利于拆除活动的承包。在使用房间法时,可以在房间层级增加准备和修整活动。

②剩余部件的拆除(04.0602)包括受污染部件和材料的拆除。这些部件和材料只能在拆除过程结束时拆除,此时所有其他部件均已被拆除。该条目还包括未受污染辅助设备的拆除,用以支持建筑物表面去污和最终释外调查。

(7)活动组04.0700"清除建筑结构中的污染物"包括建筑物中嵌入件的拆除、受污染结构的拆除,以及建筑物中所有剩余污染物清除至无限制开放水平。

①建筑物中嵌入件的拆除(04.0701)包括根据设施设计和源项拆除嵌入件,如管道穿引件、嵌入管道、密封门和源项数据库中确认的类似部件。拆除这些构件通常需要特殊的工具和程序以及支持活动。这些活动主要是按照房间法组织的。拆除完成后,可能需要对建筑结构进行额外的结构强化和/或加固,以保持建筑结构的稳定性。

②受污染结构的拆除(04.0702)包括因运行期间的泄漏和/或外溢导致污染渗透加重的土木结构部件的拆除。这些活动是在拆除房间内的所有物品(以便进入这些区域)后进行的。在某些情况下,拆除这些结构后,还需要进行额外的结构强化。

③建筑物去污(04.0703)是根据建筑物表面的特质和污染水平,通过化学或机械去污

的方法去除建筑物表面的残留污染物。这些活动通常是以房间为单元组织的。

（8）活动组04.0800"清除建筑物外部区域的污染物"包括建筑物外部受污染部件、结构和其他物品的清除。

①地下受污染管道和结构的拆除（04.0801）包括拆除运行期间用于输送放射性液体的活动地下管道，以及清除相关支撑土木结构的污染物。

②受污染土壤和其他受污染物品的移除（04.0802）包括移除建筑物外现场发现的受污染土壤和其他受污染物品，以及地下水的修复。

（9）活动组04.0900"为建筑物开放进行的最终放射性调查"与实现建筑物无限制开放状态相关。

①建筑物的最终放射性调查（04.0901）包括对监管机构要求的放射性建筑物的建筑表面进行最终测量，以作为授权建筑物开放的条件。这些活动通常是按照建筑物房间组织的。

②建筑物的解控（04.0902）包括无限制开放所需文件的制作，以及业主人员在建筑物开放过程中的参与。

3. 主要活动04的成本和融资的确定

（1）主要活动04的子活动通常包含一个重要的现场工作部分，可以通过手动或远程控制完成。准确计算这些活动成本的先决条件是准确掌握源项数据。系统和构筑物的物理数据（如质量、体积、材料、退役类别、位置）、相关放射性数据（剂量率、污染、活化、核素成分），以及根据系统、建筑物、楼层、房间、部门的分配情况对源项数据进行的仔细索引，这些数据都需要放入设施源项数据库，以便组织安排拆除工序和报告。

（2）拆除活动的成本计算可以采用两种基本方法——系统法和房间法。

①系统法通常用于拆除具有复杂结构的部件，如反应堆和一回路的主要部件。拆除程序是针对单个组件的，通常根据系统的子组件进行组织，与施工过程相反。如需要，可增加准备活动、修整活动以及同步辅助活动。这种方法可能涉及设备组件的整体移除。特殊工作间的安装，如水下切割和类似的特殊设备、测试、操作、维护、监督、二次废物清除，以及在工作结束时，特殊设备的去污和拆除都包括在内。

②房间法涉及组织逐个房间的拆除，这是通过逐步拆除每个房间内的所有系统完成的。若需要，则包括针对每个房间的准备活动和修整活动。

（3）设施的其他源项调查包含在04.0203中，以便获取实际放射性数据，从而详细计划去污和拆除。拆除活动开始时对实际放射性情况进行验证是拆除前准备活动的一部分。

（4）关于直接参与去污和拆除活动的人员的成本，通常包括相关工作组的操作人员和一级管理人员的成本。部分人员可能来自几个不同工作组，因此他们的成本可能需要分配到不同的成本条目。所有其他计划、管理和监督活动在活动组08.0200中进行规定。

（5）主要活动04的活动可由业主人员或承包商实施。承包商活动的成本分配可在详细计划阶段完成，在此阶段，要清楚了解哪些活动将由承包商实施。

（6）主要活动04的所有退役活动使用退役基金。主要活动04的部分活动，特别是04.0100~04.0400的子活动，以及轻微或低污染系统的拆除，也可以在（从关闭到获得基于部分许可或批准的退役许可证[8]）过渡期间，根据运行许可证执行（参见主要活动02下的讨论)。

主要活动 04 的退役活动典型时间表如图 3-4 所示。

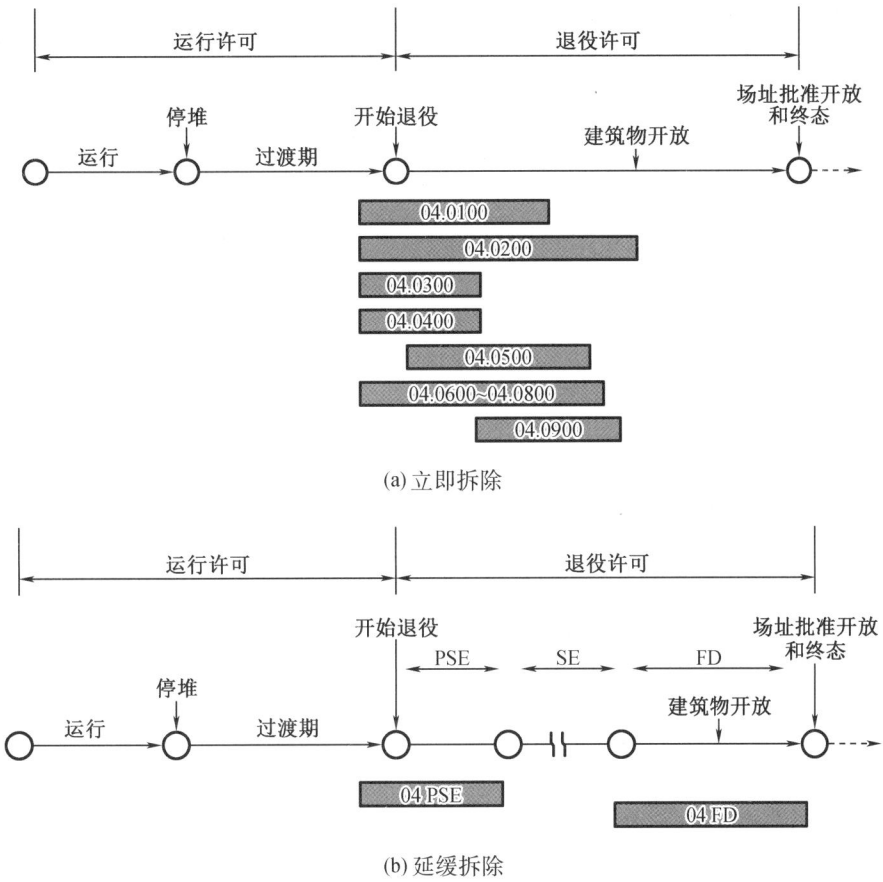

(a) 立即拆除

(b) 延缓拆除

FD—最终拆除;PSE—安全封闭准备;SE—安全封闭。

图 3-4　主要活动 04 的退役活动典型时间表

3.3.5　主要活动 05:废物处理、贮存和处置

05.0100 废物管理系统。

　　05.0101 废物管理系统建立。

　　05.0102 退役废物管理系统现有设施的重建。

　　05.0103 为管理历史/遗留废物而额外采购的设备。

　　05.0104 废物管理系统的维护、监控和运行支持。

　　05.0105 废物管理系统的撤出/退役。

05.0200 历史/遗留高放废物的管理。

　　05.0201 特性鉴定。

　　05.0202 回取和处理。

　　05.0203 最终整备。

　　05.0204 贮存。

05.0205 运输。

05.0206 处置。

05.0207 容器。

05.0300 历史/遗留中放废物的管理。

05.0301 特性鉴定。

05.0302 回取和处理。

05.0303 最终整备。

05.0304 贮存。

05.0305 运输。

05.0306 处置。

05.0307 容器。

05.0400 历史/遗留低放废物的管理。

05.0401 特性鉴定。

05.0402 回取和处理。

05.0403 最终整备。

05.0404 贮存。

05.0405 运输。

05.0406 处置。

05.0407 容器。

05.0500 历史/遗留极低放废物的管理。

05.0501 特性鉴定。

05.0502 回取、处理和包装。

05.0503 运输。

05.0504 处置。

05.0600 历史/遗留豁免废物和材料的管理。

05.0601 回取、处理和包装。

05.0602 豁免废物和材料的清洁解控水平测量。

05.0603 危险废物的运输。

05.0604 在专用废物处置场处置危险废物。

05.0605 常规废物和材料的运输。

05.0606 在常规废物处置场处置常规废物。

05.0700 退役产生的高放废物的管理。

05.0701 特性鉴定。

05.0702 处理。

05.0703 最终整备。

05.0704 贮存。

05.0705 运输。

05.0706 处置。

05.0707 容器。

05.0800 退役产生的中放废物的管理。

05.0801 特性鉴定。

05.0802 处理。

05.0803 最终整备。

05.0804 贮存。

05.0805 运输。

05.0806 处置。

05.0807 容器。

05.0900 退役产生的低放废物的管理。

05.0901 特性鉴定。

05.0902 处理。

05.0903 最终整备。

05.0904 贮存。

05.0905 运输。

05.0906 处置。

05.0907 容器。

05.1000 退役产生的极低放废物的管理。

05.1001 特性鉴定。

05.1002 处理和包装。

05.1003 运输。

05.1004 处置。

05.1100 退役产生的极短寿命废物的管理。

05.1101 特性鉴定。

05.1102 处理、贮存、整备和包装。

05.1103 对退役产生的极短寿命废物的最终管理。

05.1200 退役豁免废物和材料的管理。

05.1201 处理和包装。

05.1202 豁免废物和材料的清洁解控水平测量。

05.1203 危险废物的运输。

05.1204 在专用废物处置场处置危险废物。

05.1205 常规废物和材料的运输。

05.1206 在常规废物处置场处置常规废物。

05.1300 对控制区外产生的退役废物和材料的管理。

05.1301 混凝土再循环。

05.1302 危险废物的处理和包装。

05.1303 其他材料的处理和再循环。

05.1304 危险废物的运输。

05.1305 在专用废物处置场处置危险废物。

05.1306 常规废物和材料的运输。

05.1307 在常规废物处置场处置常规废物。

1. 主要活动 05 的一般特征

(1)主要活动 05 包括主要活动 02(设施停堆活动)、主要活动 03(安全封闭或就地掩埋的补充活动)、主要活动 04(控制区内的拆除活动)、主要活动 07(常规拆解、拆除和场址修复)过程中产生的放射性、危险和常规废物管理的所有方面,以及历史/遗留废物的管理。主要活动 05 包含历史/遗留废物的回取。主要活动 05 中的术语"历史/遗留废物"还包括剩余运行废物和主要活动 02 产生的运行废物。

(2)按废物类型分别考虑处理(包括预处理)、整备、贮存、处置和运输。预处理和处理通常包含在整备形成最终处置货包之前的所有部分过程,如特性鉴定和分类、破碎、去污、减容、液体废物处理、基质固定和其他技术。对于不同处理类型的成本,成本估算人员可酌情在第四级体现。应根据废物类型确定第二级条目的处理范围,包括历史/遗留废物和退役废物。拆解成本包含拆除区至废物处理区的运输。

(3)根据组成情况,历史/遗留废物和退役废物的处理、整备、贮存、处置与运输的技术、设备或设施可能部分相同。废物管理系统仅包括退役废物范围外产生的历史/遗留废物。

(4)各类废物的最终状态是在针对不同等级废物的放射性废物处置库、危险废物处置库或常规堆场处置,以及可重复使用材料的无条件解控或有条件解控。为退役项目建立的废物管理系统也可在多个退役项目之间共用。项目边界条件应清楚说明有关废物管理系统退役的假设,并且相关成本列入主要活动 05。

(5)列入主要活动 05 中的废物管理系统的运行成本范围不尽相同。某些退役项目的废物管理系统涵盖各类退役废物;而其他废物管理系统仅包括分类、预包装,以及运输至以承包服务形式开展后续活动的其他废物管理设施。还有部分情况存在多个退役项目共用废物管理系统或与运行设施共用废物管理系统。最后,废物管理系统还可能仅包括分类、包装和长期贮存。

(6)不同国家的国家立法或法规规定了废物处理、整备和处置的相关责任。因此,可由设施业主、承包商和国家废物管理机构实施包括废物处置在内的废物管理活动。在部分国家,完全由国家机构实施包括废物管理在内的退役工作。由于废物管理方案可能不同,主要活动 05 的结构应能独立确定废物管理成本,而无论是由业主人员或承包商实施活动。

(7)如前所述,活动组 01.0400 包含与退役项目废物管理系统设计相关的初步活动。主要活动 05 包括建立废物管理系统、系统运行、系统退役和/或关闭以及后勤所需的活动。

(8)退役项目的假设和边界条件应规定待处理废物的范围和类型,包括主要活动 02(通常在退役项目之外)产生运行废物的管理。退役项目的假设和边界条件还应包括废物管理系统的明确定义,如下。

①废物管理系统的整体方案。

②单项设备/技术/设施的参数。

③许可证持有者拥有/运行的废物管理计划要素,以及服务要素。

④将要采购、安装和获得许可的废物管理计划要素。

⑤废物管理系统的最终状态、即将退役的部件、将用于评估退役项目之外的其他目的的部件。

2. 主要活动 05 的结构

废物管理有关活动的成本结构多样。在任何废物管理系统中,都可以确定废物流以及废物处理步骤/设备/技术。国际退役成本估算结构反映了两个方面,即废物流和技术。按照国际原子能机构的废物分类[9]组织基本结构,其中活动组级的初始条目用于解决废物管理系统建立和实施的相关常见问题。

根据国际原子能机构的废物分类[9],分类方案基于以下 6 类废物。

(1)豁免废物(EW):符合出于辐射防护目的监管控制的清洁解控、豁免或排除标准的废物。此项可能还包括可重复使用材料。

(2)极短寿命废物(VSLW):能在长达几年的有限时间内贮存以待衰减,并在随后能根据监管机构批准的安排从监管控制状态转为清洁解控,从而实现无控制处置、使用或排放的废物。该类废物主要含有半衰期很短的放射性核素,通常用于研究和医疗目的。

(3)极低放废物(VLLW):此类废物不一定符合豁免废物标准,但不需要高等级封隔和隔离,因此适合在监管控制有限的近地表填埋型设施中处置。这种填埋型设施还可能包含其他危险废物。该类典型废物包括低放射性浓度的土壤和碎石。极低放废物中的较长寿命放射性核素的浓度通常非常有限。

(4)低放废物(LLW):高于清洁解控水平,但长寿命放射性核素含量有限的废物。这类废物需要长达几百年的可靠隔离和封隔,并适合在严格设计的近地面设施中进行处置。此类废物涉及范围非常广泛。低放废物可能包括放射性浓度较高的短寿命放射性核素,也包括放射性浓度较低的长寿命放射性核素。

(5)中放废物(ILW):由于其内容物,特别是长寿命放射性核素,需要比近地表处置更高等级包装和隔离的废物。然而,在贮存和处置过程中,中放废物无须散热或者只需要有限的散热。中放废物可能含有长寿命放射性核素,特别是发射 α 粒子的放射性核素,在有组织的控制时间内,此类核素不会衰减至转为近地面处置所需的可接受放射性浓度水平。因此,这种类型的废物需要更深的处置场所,大约在几十米至几百米。

(6)高放废物(HLW):由于足够高的放射性浓度水平而在放射性衰变过程中产生大量热量的废物,或在设计其处置设施时需要考虑其含有大量长寿命放射性核素的废物。在地表以下几百米或更深的稳定地质构造中处置是高放废物的公认处置方案。

废物管理的主要步骤是处理(包括预处理)、整备、贮存和经整备/包装废物的处置或材料解控/再利用。必须考虑废物管理过程中主要步骤之间的各类运输。每个相关步骤均涉及特性鉴定。因此,矩阵结构能表示任何退役项目的废物管理方案,其中纵轴表示废物流,横轴表示废物处理步骤/技术。活动组级的国际退役成本估算结构主索引与废物类型有关;在活动级别(第三级)确定废物处理步骤/技术。在酌情决定的级别上编制表示各项废物管理技术的索引,便于根据这些技术检索数据。因此,主要活动 05 的结构可有助于根据第二级的废物类型、第三级以及酌情决定的第四级的废物步骤和技术检索数据。退役项目中废物管理系统的组织原则如图3-5所示。

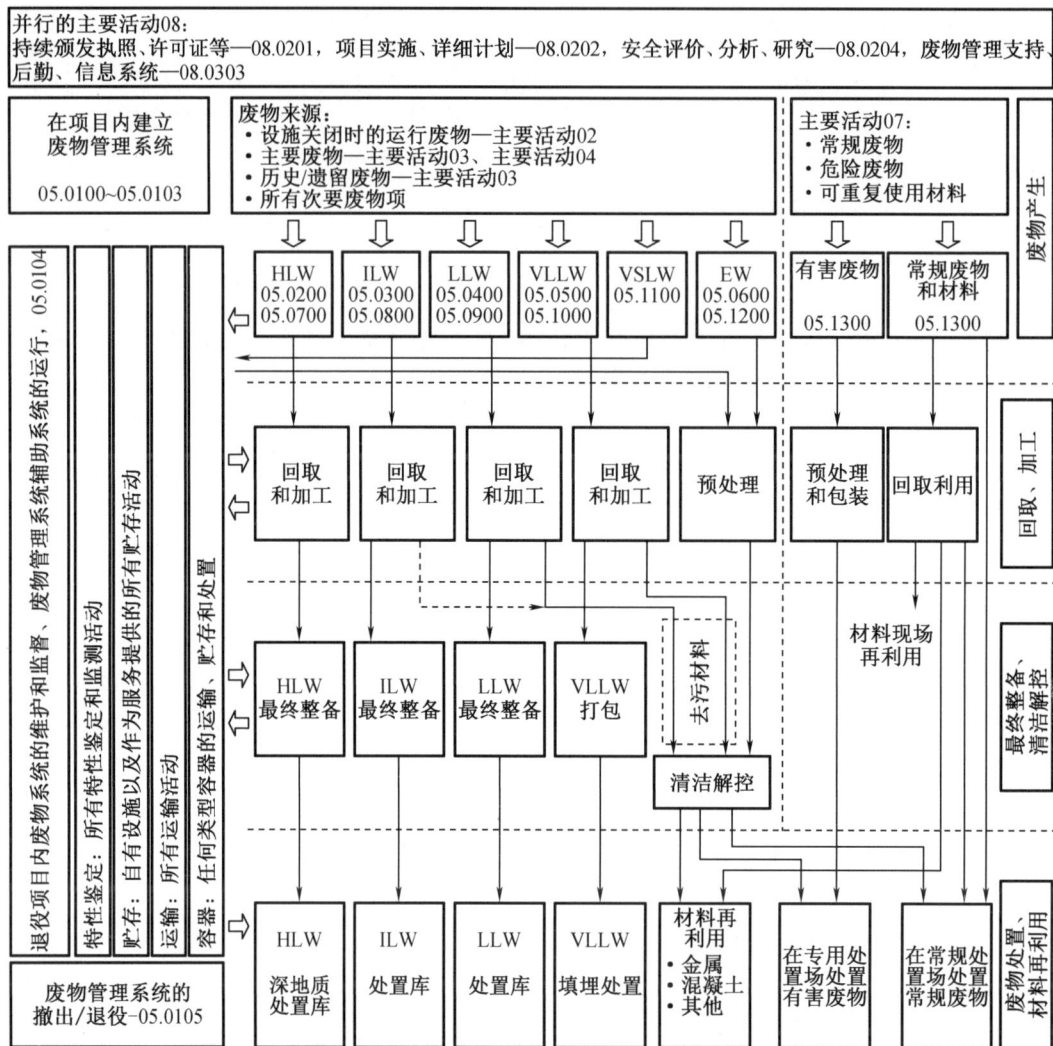

并行的主要活动08：
持续颁发执照、许可证等—08.0201，项目实施、详细计划—08.0202，安全评价、分析、研究—08.0204，废物管理支持、后勤、信息系统—08.0303

在项目内建立废物管理系统 05.0100~05.0103

废物来源：
• 设施关闭时的运行废物—主要活动02
• 主要废物—主要活动03、主要活动04
• 历史/遗留废物—主要活动03
• 所有次要废物项

主要活动07：
• 常规废物
• 危险废物
• 可重复使用材料

废物产生

退役项目内废物系统的维护和监督、废物管理系统辅助系统的运行，05.0104

特性鉴定：所有特性鉴定和监测活动

贮存：自有设施以及作为服务提供的所有贮存活动

运输：所有运输活动

容器：任何类型容器的运输、贮存和处置

| HLW 05.0200 05.0700 | ILW 05.0300 05.0800 | LLW 05.0400 05.0900 | VLLW 05.0500 05.1000 | VSLW 05.1100 | EW 05.0600 05.1200 | 有害废物 05.1300 | 常规废物和材料 05.1300 |

回取和加工 / 回取和加工 / 回取和加工 / 回取和加工 / 预处理 / 预处理和包装 / 回取利用

回取、加工

HLW 最终整备 / ILW 最终整备 / LLW 最终整备 / VLLW 打包 / 去污材料

材料现场再利用

清洁解控

最终整备、清洁解控

废物管理系统的撤出/退役-05.0105

| HLW 深地质处置库 | ILW 处置库 | LLW 处置库 | VLLW 填埋处置 | 材料再利用 • 金属 • 混凝土 • 其他 | 在专用处置场处置有害废物 | 在常规处置场处置常规废物 |

废物处置、材料再利用

图3-5　退役项目中废物管理系统的组织原则（应用于主要活动05的结构设计）

3. 活动组（第二级）和典型活动（第三级）说明

（1）活动组05.0100"废物管理系统"包括为退役项目建立废物管理系统的活动。如上所述，在具体退役项目的成本中纳入的废物管理系统各组成部分的成本范围可能存在显著差异，因此可根据不同范围使用该活动组的各个条目。该活动组包括由退役项目许可证持有者拥有/获得许可的退役项目专用废物管理系统的建立、运行、维护和退役。

活动组05.0100不包括与其他许可证持有者和/或运行设施共用的废物设施的建立成本，因为拥有和运行这些设施不属于退役项目范围；而主要活动08涉及管理这些设施的相关分摊成本。将共用设施的废物管理流程成本视为服务条目，并根据与废物管理设施业主商定的单位因素计算。

第三级条目可以按照单项废物管理技术和/或设备细分。

①废物管理系统建立(05.0101)包括业主或承包商运行(作为退役项目的一部分)的废物管理系统范围内的设备采购、设计、建造和安装活动。如果有单项技术还用于其他项目,则应通过分摊采购成本,在退役项目的分摊成本中予以考虑。如果以承包服务方式使用项目以外的废物管理技术,则无设备采购;采购成本将纳入作为服务条目采购的单项废物管理设备的成本单位因素内。废物管理系统的建立成本包含安装、冷热测试和许可。设施和设备大多可现货供应,可能包括购买和/或租用设备、设施;可以考虑永久性或移动式设备和设施。该成本条目包括市场上无供货的特殊废物管理技术专用设备的设计、建造和安装。如果需要为这些技术的设计和开发进行研发,则将这些活动纳入主要活动 09 中,该条目包括安装、冷热测试和许可活动。

②退役废物管理系统现有设施的重建(05.0102),包括重建许可证持有者在运行阶段拥有和使用的现有废物管理设施的活动。可在退役项目的废物管理系统内使用重建设施。

③为管理历史/遗留废物而额外采购的设备(05.0103),包括为管理退役项目中确定的历史/遗留废物而进行的额外设备采购、设计、建造、安装测试和许可;还可能包括设备、设施购买和/或租用、永久性或移动式设备与设施。若需要研发活动,则纳入主要活动 09 中。

④废物管理系统的维护、监控和运行支持(05.0104),包括废物管理系统一般性支持活动的参与人员的成本。其中涉及不直接参与单项废物管理设施/设备运行的个人;系统及建筑物持续维护、监控及辅助系统(如通风、照明、供电、供水、供气及为许可证持有者运行废物管理系统的具体材料供应)(永久)运行所需的人员。辅助系统的运行成本应包含在内,但不含单项废物管理技术运行所涉人员的成本,亦不包括运营成本及单项废物管理技术的具体材料成本和费用。

⑤废物管理系统的撤出/退役(05.0105),包括退役项目完成之后单项废物管理技术退役相关的除污、拆除及其他活动。

(2)活动组 05.0200 "历史/遗留高放废物的管理"、活动组 05.0300 "历史/遗留中放废物的管理" 和活动组 05.0400 "历史/遗留低放废物的管理",在第三级具有相同的结构,涉及特性鉴定、回取和处理、最终整备、贮存、运输、处置和容器(用于运输、贮存和处置的所有容器类型)采购。针对每种类型的历史/遗留废物(高放废物、中放废物、低放废物)确定所有的项目。

这 3 个活动组各步骤均包含持续特性鉴定活动。回取和处理可能包含多个阶段,并且可能需要特殊设备,其中包含采购、设计、施工、安装、许可,并考虑手动操作和远程操作(对于高放废物)。对于废物处理设施的共用,请参考上述讨论。

(3)活动组 05.0500 "历史/遗留极低放废物的管理" 涉及以下主要步骤:特性鉴定(包括处置货包的最终监测);回取、处理(或涉及多个阶段)和包装(假设采用简单的包装形式,如塑料袋);运输;处置。该活动组预计将会使用标准设备和程序。活动组 05.0700 涉及重新分类的极低放废物的清洁解控。

(4)活动组 05.0600 "历史/遗留豁免废物和材料的管理" 包含 6 个主要步骤:回取、处理和包装;豁免废物和材料的清洁解控水平测量;危险废物的运输;在专用废物处置场处置危险废物;常规废物和材料的运输;在常规废物处置场处置常规废物。

(5)活动组 05.0700"退役产生的高放废物的管理"、活动组 05.0800"退役产生的中放废物的管理"和活动组 05.0900"退役产生的低放废物的管理"具有相同的活动及结构,涉及特性鉴定、处理、最终整备、贮存、运输、处置和容器(用于运输、贮存和处置的所有容器类型)。针对每种类型的历史/遗留废物(高放废物、中放废物、低放废物)确定所有的条目。

这 3 个活动组各步骤均包含持续特性鉴定活动。处理可能包含多个阶段,并且可能需要特殊设备,其中包含采购、设计、建造、安装、许可。活动组中涉及手动操作和远程操作(对于高放废物)。对于共用废物处理设施,请参考上述讨论。

(6)活动组 05.1000"退役产生的极低放废物的管理"涉及以下主要步骤:特性鉴定(包括处置货包的最终监测);处理(可能涉及多个阶段)和包装(假设采用简单的包装形式,如塑料袋);运输;处置。该活动组预计将会使用标准设备和程序。

(7)活动组 05.1100"退役产生的极短寿命废物的管理"涉及 3 个主要步骤:特性鉴定、处理、贮存、整备和包装(可能涉及多个阶段);对退役产生的极短寿命废物的最终管理(包括该废物最终管理的任何活动)。材料清洁解控见活动组 05.1200。

(8)活动组 05.1200"退役豁免废物和材料的管理"涉及 6 个主要步骤:处理和包装;豁免废物和材料的清洁解控水平测量;危险废物的运输;在专用废物处置场处置危险废物;常规废物和材料的运输;在常规废物处置场处置常规废物。

(9)活动组 05.1300"对控制区外产生的退役废物和材料的管理"涉及主要活动 07 中常规拆解和拆除,以及场址修复过程中产生的退役废物。其分为 7 个主要步骤:混凝土再循环;危险废物的处理和包装;其他材料的处理和再循环;危险废物的运输;在专用废物处置场处置危险废物;常规废物和材料的运输;在常规废物处置场处置常规废物。

4. 主要活动 05 的成本和融资的确定

(1)设备/设施的采购、所有权、共用和/或提供退役废物管理服务

如上所述,可采用不同方案将废物管理系统的成本分摊到各退役项目中。仅在有限情况下,才会出现将废物管理系统的全部成本分摊到一个退役项目。更典型的情况是,废物管理系统在整个核设施场地共用,或者涉及场外国家设施。另外,各国通常仅设一处(少量几处)废物处置设施。在此类情况下,共用废物管理系统设施是指单项设备/技术部分供多个退役项目使用。如下所述,在退役废物的管理中,可使用几种典型模型。

①废物管理系统(处置设施除外)的所有权

废物管理设备/设施可由退役许可证持有者所有(如对于较大退役项目),或者可以使用退役项目范围之外的设施(如对于较小退役项目)。业主负责废物管理系统的采购和建立,包括安装、冷热测试、废物管理系统的运行许可及其维护。退役项目结束时,在适用情况下,业主负责废物管理系统的运行终止及退役工作。在此类情况下,退役项目成本包含建立、运行及退役的所有成本。

在某些情况下,当退役项目完成后,废物管理系统可用于其他项目,或者在经评估退役项目期间,废物管理系统可同时用于其他目的。在此类情况下,计算依据为采购、建立、许可及设备/设施运行所需的所有其他活动的比例成本,退役的比例成本,以及经评估退役项目使用期间的设备/设施的运行成本。比例成本系指设备/设施处理废物类型的体积与设备/设施的总寿命周期运行能力之间的比例。在这些情况下,通常会使用单项设备/技术的

单位因素。

②废物管理系统的部分所有权

废物管理系统的部分所有权涉及许可证持有者为供退役项目使用仅采购、安装和获得部分废物管理系统许可的情况。这通常涉及废物管理的第一阶段,如分类、破碎、监测、部分处理技术、临时包装、贮存以及运输等。退役项目所需废物管理系统的其他要素,则通过承包服务方式提供。对于小型退役项目,情况大多如此。

对作为退役项目组成部分的废物管理系统的这些要素,进行全面成本评估,范围涉及系统采购、安装、运行,直至退役。外部服务成本以约定的单位因素作为评估依据。

③处置设施

处置设施通常属于国有。处置成本的计算基于各类经整备废物的单位因素,并取决于处置设施的类型。单位因素适用于处置设施生命周期的各个方面,包括起始的可行性研究、选址、安装、许可、运行、关闭以及有组织控制(如适用)。

(2)废物管理活动的成本计算

若许可证持有者使用和拥有的设备/设施作为退役项目的组成部分,该设备/设施的采购、安装、许可以及退役完全计入成本评估。应注意避免重复计算采购成本,即不将其纳入设备/技术的运行单位因素,也不作为一项单独成本处理。

当在退役项目范围之外使用废物管理设备/设施时,则采用单位因素。单位因素的范围可变——从经处理废物标称单位(立方米、吨、件等)的总体成本单位因素,到一系列单位因素,包括人力单位因素,劳务、投资、费用相关的成本单位因素,电、气、水泥、沥青及其他运行技术介质和材料消耗的单位因素。

(3)废物管理活动的阶段划分

废物管理活动的阶段划分取决于选择的策略以及退役项目的工作分解结构,一个退役项目的多个阶段可以重复相同的废物管理活动。将为项目定义的最低编号级别的单项设备/技术的成本分配到工作分解结构的相关条目中,并在退役项目的最低编号级别求和。为确定退役项目工作分解结构中相同活动的各子阶段,成本评估人员可酌情考虑在第三级以下级别增加额外编号。

①历史/遗留废物与退役废物

可在具体废物类型(高放废物、中放废物、低放废物、极低放废物)的通用废物管理系统中处理运行和退役废物产生的历史/遗留废物。成本与各废物流体积关联。

②废物管理活动的资金提供

与退役废物相关的废物管理活动,包括废物管理设施和技术的设计、建造(或重建)、采购及安装,均由退役资金支付费用。历史/遗留废物的废物管理活动通常使用业主资金支付。具体情况各国不同。对于通常属于国有的小型核设施,如研究堆,可视为特殊情况。另外,事故后退役项目或与政治性停堆决策相关的退役情况,也可视为非标准情况。除与退役废物相关之外,应在假设和边界条件中明确定义废物管理活动的资金来源。

主要活动05的退役活动典型时间表如图3-6所示。

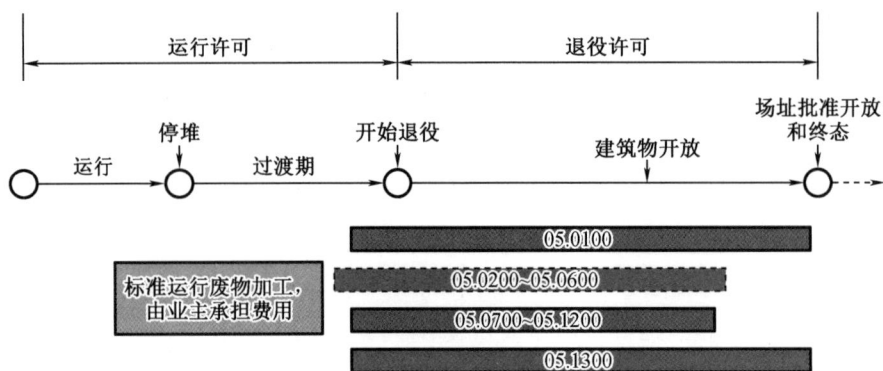

(a) 立即拆除

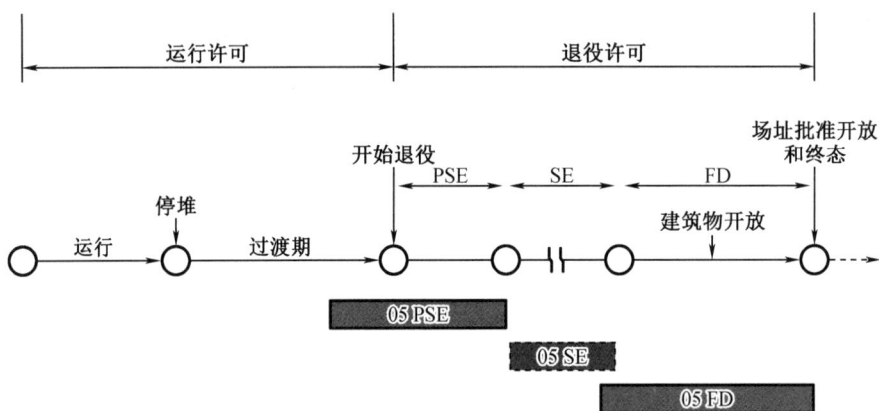

(b) 延缓拆除

FD—最终拆除;PSE—安全封闭准备;SE—安全封闭。

图 3-6　拆除主要活动 05 的退役活动典型时间表

3.3.6　主要活动 06:现场基础设施和运行

06.0100 现场安保和监控。

　　06.0101 一般安保设备的采购。

　　06.0102 自动化门禁系统、监控系统及警报系统的运行和维护。

　　06.0103 安保围栏及其余入口防止非法进入的保护措施。

　　06.0104 警卫/安保力量的部署。

06.0200 现场运行和维护。

　　06.0201 建筑物和系统的检查与维护。

　　06.0202 现场维护活动。

06.0300 支持系统的运行。

　　06.0301 供电系统。

　　06.0302 通风系统。

　　06.0303 供暖、蒸汽及照明系统。

　　06.0304 供水系统。

06.0305 污水/废水系统。

06.0306 压缩空气/氮气系统。

06.0307 其他系统。

06.0400 辐射和环境安全监测。

06.0401 辐射防护设备及环境监测设备的采购和维护。

06.0402 辐射防护和监测。

06.0403 环境保护和辐射环境监测。

1. 活动组(第二级)和典型活动(第三级)说明

(1)活动组 06.0100"现场安保和监控"涉及设备采购、安保和监控系统运行以及安保人员方面。

①一般安保设备的采购(06.0101)。

②自动化门禁系统、监控系统及警报系统的运行和维护(06.0102)。

③安保围栏及其余入口防止非法进入的保护措施(06.0103)。

④警卫/安保力量的部署(06.0104)。

06.0101~06.0103 包括各系统的运行,以及各系统运行、监控及维护所需的人员。06.0104 涉及安保人员的配备。

(2)活动组 06.0200"现场运行和维护"包括以下条目。

①建筑物和系统的检查与维护(06.0201),即单个系统运行程序规定范围内的定期检查和维护。本条目包括建筑物和放射性泄漏防护屏障的定期检查和维护,建筑物的重要维护,待退役系统的定期检查和维护,建筑物和系统的定期检查和维护,以及退役期间和安全封闭期间的建筑物重要维护。其中不包括运行辅助系统的检查和维护。活动组 06.0300 包括这些活动。

②现场保养活动(06.0202),包括现场的定期维护。

(3)活动组 06.0300"支持系统的运行"涉及公用设施系统的运行。

①供电系统(06.0301)。

②通风系统(06.0302)。

③供暖、蒸汽及照明系统(06.0303)。

④供水系统(06.0304)。

⑤污水/废水系统(06.0305)。

⑥压缩空气/氮气系统(06.0306)。

⑦其他系统(06.0307)。

04.0201 涉及退役开始时对现有辅助支持系统的改造,活动组 06.0300 涉及这些系统的运行以及在退役期间对这些系统的持续改造。

各系统运行成本(运维人员成本、电费等)应包括在内。本活动组可包含由各系统(如供电系统或供水系统)提供的技术介质的成本,或者可将这些成本分配至各单项退役活动中。在成本计算方法中,应说明采用的方法。

(4)活动组 06.0400"辐射和环境安全监测"涉及放射防护与监测系统的采购、运行。

①辐射防护设备及环境监测设备的采购和维护(06.0401)。

②辐射防护和监测(06.0402)。

③环境保护和辐射环境监测(06.0403)。

2. 主要活动06的成本和融资的确定

主要活动06涉及现场运行和支持服务。不同项目阶段的相关活动范围可能会有显著不同,如从拆除期间的最高水平到安全封闭期间的最低水平。通过将主要阶段细分为与主要活动06的活动范围相匹配的各个部分,可以优化现场服务使用。

主要活动06的退役活动典型时间表如图3-7所示。

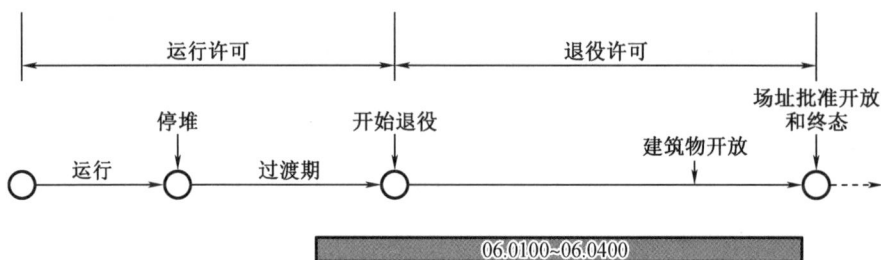

(a) 立即拆除

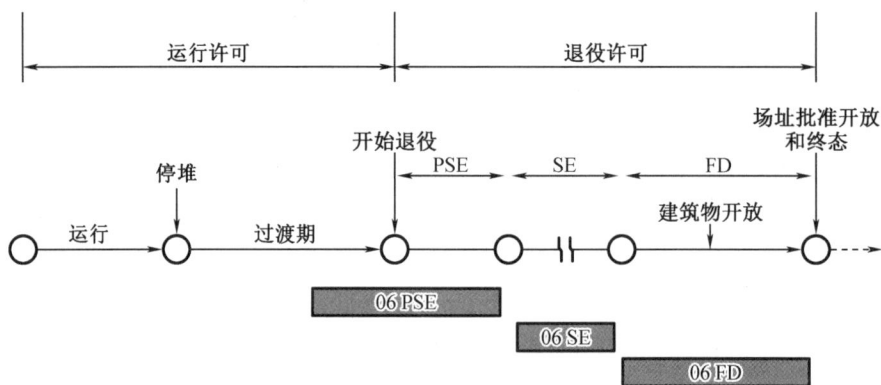

(b) 延缓拆除

FD—最终拆除;PSE—安全封闭准备;SE—安全封闭。

图3-7 主要活动06的退役活动典型时间表

3.3.7 主要活动07:常规拆解、拆除和场址修复

07.0100 常规拆解和拆除设备的采购。

07.0101 常规拆解和拆除设备的采购。

07.0200 控制区外系统和建筑部件的拆除。

07.0201 发电系统。

07.0202 冷却系统部件。

07.0203 其他辅助系统。

07.0300 建筑物和构筑物的拆除。

07.0301 控制区内建筑物和构筑物的拆除。

07.0302 控制区外建筑物和构筑物的拆除。

07.0303 烟囱的拆除。

07.0400 最终清理、景观美化和翻新。

07.0401 土方工程、土地工程。

07.0402 景观美化和其他现场修整活动。

07.0403 建筑物翻新。

07.0500 场址最终放射性调查。

07.0501 最终调查。

07.0502 最终调查的独立验证。

07.0600 资产有限或受限解控的永久供资/监控。

07.0601 例行维护。

07.0602(现场和其余构筑物的)监控和监测。

1. 主要活动 07 的一般特征

主要活动 07 包括:控制区外建筑物常规拆除及其所需的采购活动;现场的景观美化和最终调查。主要活动 05 涉及对这些活动产生的废物的管理。

退役策略可能涉及建筑物的不同最终状态,包括以下内容。

(1)未拆除。

(2)拆除至预定高度(如 −1 m)。

(3)完全拆除土木结构。

现场可解除监管实现无条件解控,也可以在受限(即在规定时间范围内实施一些额外活动)条件下解控。

2. 活动组(第二级)和典型活动(第三级)说明

(1)活动组 07.0100"常规拆解和拆除设备的采购"涉及以下条目。

常规拆解和拆除设备的采购(07.0101),即通过购买或租用的方式。其中包含设备维护。

(2)活动组 07.0200"控制区外系统和建筑部件的拆除"包括控制区外建筑物的拆除。各系统的分组如下。

①发电系统(07.0201)。

②冷却系统部件(07.0202)。

③其他辅助系统(07.0203)。

(3)活动组 07.0300"建筑物和构筑物的拆除"包含以下条目。

①控制区内建筑物和构筑物的拆除(07.0301),即主要活动 04 包含的无条件解控活动之后。

②控制区外建筑物和构筑物的拆除(07.0302)。

③烟囱的拆除(07.0303)。

退役计划中定义了拆除级别。

(4)活动组 07.0400"最终清理、景观美化和翻新"包含以下条目。

①土方工程、土地工程(07.0401)。

②景观美化和其他现场修整活动(07.0402)。

以上两个条目的目的是根据最终状态的定义来实现设施的最终状态。

③建筑物翻新(07.0403)包括有利于建筑物再利用的活动。

(5)活动组07.0500"场址最终放射性调查"涉及促成场地无条件解控的活动,包括以下条目。

①最终调查(07.0501)。

②最终调查的独立验证(07.0502)。

(6)活动组07.0600"资产有限或受限解控的永久供资/监控"包括适用于在现场有条件解控情况下实施的活动,即在规定时间内保持限制并实施一些活动。相关活动包括以下条目。

①例行维护(07.0601)。

②(现场和其余构筑物的)监控和监测(07.0602)。

3. 主要活动 07 的成本和融资的确定

活动组 07.0200 和活动组 07.0300 是与源项数据库有关的活动。活动组 07.0400 在退役项目中单独评估。

现场受限使用期间,可通过专项资金为这些活动提供资金。

主要活动 07 的退役活动典型时间表如图 3-8 所示。

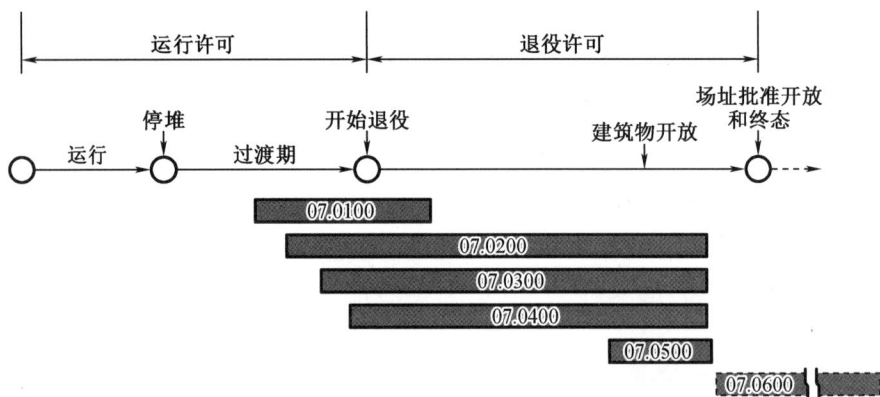

(a)立即拆除

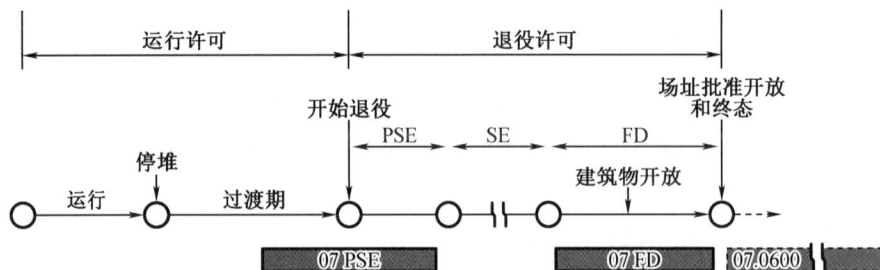

(b)延缓拆除

FD—最终拆除;PSE—安全封闭准备;SE—安全封闭。

图 3-8 主要活动 07 的退役活动典型时间表

3.3.8　主要活动 08:项目管理、工程技术和支持

08.0100 进场和准备工作。

　　08.0101 人员进场。

　　08.0102 为退役项目建立一般支持性基础设施。

08.0200 项目管理。

　　08.0201 核心管理小组。

　　08.0202 项目实施计划、详细的持续计划。

　　08.0203 时间安排和成本控制。

　　08.0204 安全和环境分析,持续研究。

　　08.0205 质量保证和质量监督。

　　08.0206 综合管理和会计。

　　08.0207 公共关系和利益相关方的参与。

08.0300 支持服务。

　　08.0301 工程技术支持。

　　08.0302 信息系统和计算机支持。

　　08.0303 废物管理支持。

　　08.0304 包括化学、去污等的退役支持。

　　08.0305 人事管理和培训。

　　08.0306 文件和记录控制。

　　08.0307 采购、仓储以及物料搬运。

　　08.0308 住房、办公设备、支持服务。

08.0400 健康和安全。

　　08.0401 保健物理。

　　08.0402 工业安全。

08.0500 撤出。

　　08.0501 退役项目基础设施的撤出。

　　08.0502 人员退场。

08.0600 承包商进场和准备工作(如需要)。

　　08.0601 人员进场。

　　08.0602 为退役项目建立一般支持性基础设施。

08.0700 承包商的项目管理(如需要)。

　　08.0701 核心管理小组。

　　08.0702 项目实施计划、详细的持续计划。

　　08.0703 时间安排和成本控制。

　　08.0704 安全和环境分析,持续研究。

08.0705 质量保证和质量监控。

08.0706 综合管理和会计。

08.0707 公共关系和利益相关方的参与。

08.0800 承包商提供的支持服务(如需要)。

08.0801 工程技术支持。

08.0802 信息系统和计算机支持。

08.0803 废物管理支持。

08.0804 包括化学、去污等的退役支持。

08.0805 人事管理和培训。

08.0806 文件和记录控制。

08.0807 采购、仓储以及物料搬运。

08.0808 住房、办公设备、支持服务。

08.0900 承包商的健康和安全工作(如需要)。

08.0901 保健物理。

08.0902 工业安全。

08.1000 承包商退场(如需要)。

08.1001 退役项目基础设施的撤出。

08.1002 人员退场。

1. 主要活动 08 的一般特征

主要活动 08 涉及退役项目的管理、工程技术、安全、一般支持或专业支持的相关活动。退役项目前后的进场和退场活动亦有涉及。主要活动 06 包括各项现场支持活动。主要活动 08 的各单个条目主要与核心管理团队和专业支持团队有关。

2. 活动组(第二级)和典型活动(第三级)说明

(1)活动组 08.0100"进场和准备工作"涉及退役项目开始时的进场活动。

①人员入场(08.0101),其目的是确保提供合格人员。

②为退役项目建立一般支持性基础设施(08.0102),以安装临时设施和服务装置。该条目不包括活动组 04.0100、活动组 04.0200 及活动组 05.0100 中的拆除准备。本条目涉及现有支持系统改造。活动组 06.0300 涉及退役期间的系统运行。

(2)活动组 08.0200"项目管理"涉及核心项目管理活动,包括项目实施计划的制订。本项第三级的相关条目包含废物管理设施或其他退役项目相关设施安装的部分许可。

①核心管理小组(08.0201)系指核心管理团队。小组包括项目经理和决策制定人员、承包商关系管理人员、退役活动最高级别管理人员以及核心管理小组的管理人员。

②项目实施计划、详细的持续计划(08.0202)包括负责计划实施和退役期间详细计划的小组活动。

③时间安排和成本控制(08.0203)系指负责管理退役时间安排和成本控制的团队。

④安全和环境分析,持续研究(08.0204)包括对持续去污、拆除和废物管理的研究(根

据退役许可的要求）。

⑤质量保证和质量监督（08.0205）系指根据在开始时定义的质量标准负责退役项目质量保证控制的团队。

⑥综合管理和会计（08.0206）系指项目的管理与会计团队。

⑦公共关系和利益相关方的参与（08.0207）系指与公众和利益相关方的参与相关的活动。

（3）活动组 08.0300"支持服务"包括以下条目。

①工程技术支持（08.0301）系指提供退役项目专业工程技术支持、核方面支持、环境支持以及许可支持的团队。

②信息系统和计算机支持（08.0302）系指负责设施信息系统运行与一般计算机支持的团队。

③废物管理支持（08.0303）系指负责废物管理系统运行、提供废物管理专业支持、废物管理信息及物流系统运行，以及与承包商废物管理活动对接的团队。

④包括化学、去污等的退役支持（08.0304）系指负责管理去污活动的团队，包括去污专业人员，以及专业卫生设施运行（包括相关人员）管理。

⑤人事管理和培训（08.0305）系指负责组织、执行所有培训类型的团队，包括一般培训、专业培训和定期再培训。

⑥文件和记录控制（08.0306）系指负责保存活动记录的团队。

⑦采购、仓储以及物料搬运（08.0307）系指负责采购设备和材料的团队。

⑧住房、办公设备、支持服务（08.0308）系指相关专业设施的人员和运行。

（4）活动组 08.0400"健康和安全"包括以下条目。

①保健物理（08.0401）系指负责支持退役活动的管理和实施，以及负责专业保健物理设施运行的团队。

②工业安全（08.0402）系指负责专业设施运行的团队。

（5）活动组 08.0500"撤出"包括以下条目。

①退役项目基础设施的撤出（08.0501），即在退役项目结束时拆除临时设施和服务装置。

②人员退场（08.0502）。

为了能够有效区分承包商承担的管理活动和业主方承担的管理活动的成本，活动组 08.0600~08.1000 定义了承包商的相同部分。需要根据情况采用合适的人员比例。

3. 主要活动 08 的成本和融资的确定

在不同阶段，主要活动 08 的子活动范围明显不同。例如，在拆除期间可能出现很高等级的管理活动，而在安全封闭期间等级则会低很多。区分此类活动在不同项目阶段中的范围可能是很重要的，这需要使用额外的用户定义成本结构层级。

主要活动 08 的退役活动典型时间表如图 3-9 所示。

(a)立即拆除

(b)延缓拆除

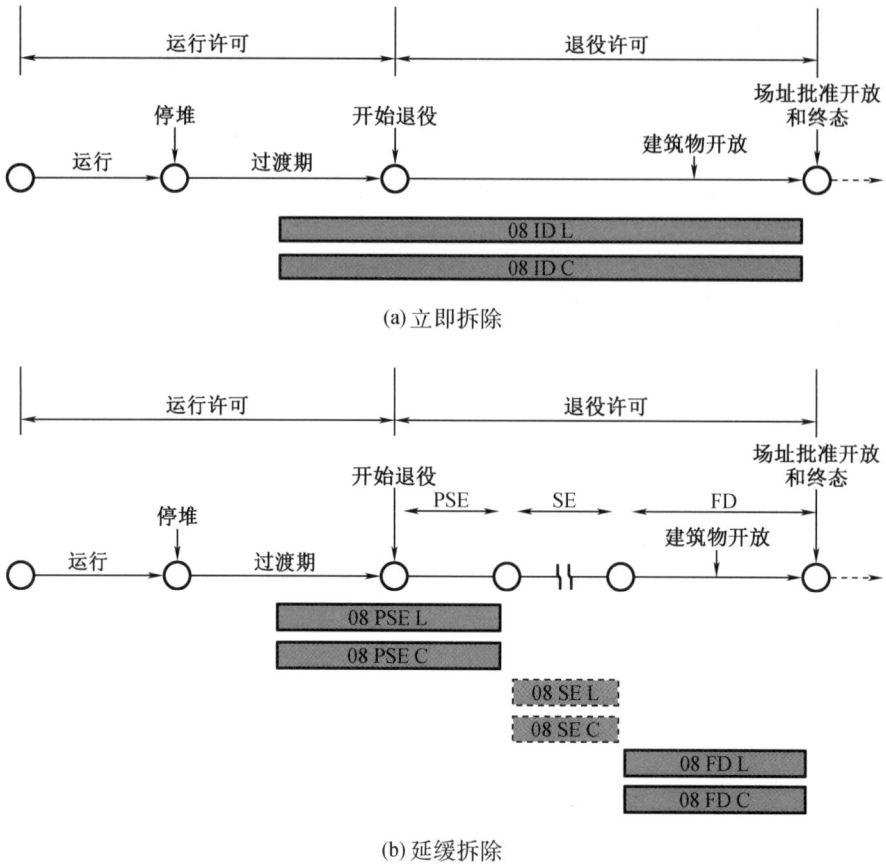

C—承包商;FD—最终拆除;ID—立即拆除;L—许可证持有者;PSE—安全封闭准备;SE—安全封闭。

图 3-9 主要活动 08 的退役活动典型时间表

3.3.9 主要活动 09:研发

09.0100 设备、技术、程序的研发。

　　09.0101 源项调查设备、技术和程序。

　　09.0102 去污设备、技术和程序。

　　09.0103 拆除设备、技术和程序。

　　09.0104 废物管理设备、技术和程序。

　　09.0105 其他研发活动。

09.0200 复杂工程的模拟。

　　09.0201 实体模型和培训。

　　09.0202 测试或演示程序。

　　09.0203 计算机模拟、可视化和 3D 建模。

　　09.0204 其他活动。

1. 主要活动 09 的一般特征

主要活动 09 包括研究和开发活动,即利用新的具体数据设计和建造特殊设备(用于源项调查、去污、拆除、废物管理及安全),以及开发新程序和技术。

2. 活动组(第二级)和典型活动(第三级)说明

(1)活动组 09.0100"设备、技术、程序的研发"包括以下条目。

①源项调查设备、技术和程序(09.0101)。

②去污设备、技术和程序(09.0102)。

③拆除设备、技术和程序(09.0103)。

④废物管理设备、技术和程序(09.0104)。

⑤其他研发活动(09.0105)。

(2)活动组 09.0200"复杂工程的模拟"包括以下条目。

①实体模型和培训(09.0201)。

②测试或演示程序(09.0202)。

③计算机模拟、可视化和 3D 建模(09.0203)。

④其他活动(09.0204)。

3. 主要活动 09 的成本和融资的确定

研发活动基于各退役项目单独定义。研发活动可能会发挥重要作用,特别是对于涉及长时间停堆之后老旧设施拆除的退役项目,此外还包括事故后设施的退役项目、乏燃料受损的设施,以及具有大量历史/遗留废物库存的设施。在这些情况下,为了确定设施的准确状态,可能需要开展研发活动,以便确定或采用源项调查、去污、拆除及废物管理的解决方案,并确保系统和构筑物的事故后安全以及采用全新或适应性程序后的安全。在这些情况下,研发成本可能会很高。在假设和边界条件中应明确这些活动的需求。

主要活动 09 的退役活动典型时间表如图 3-10 所示。

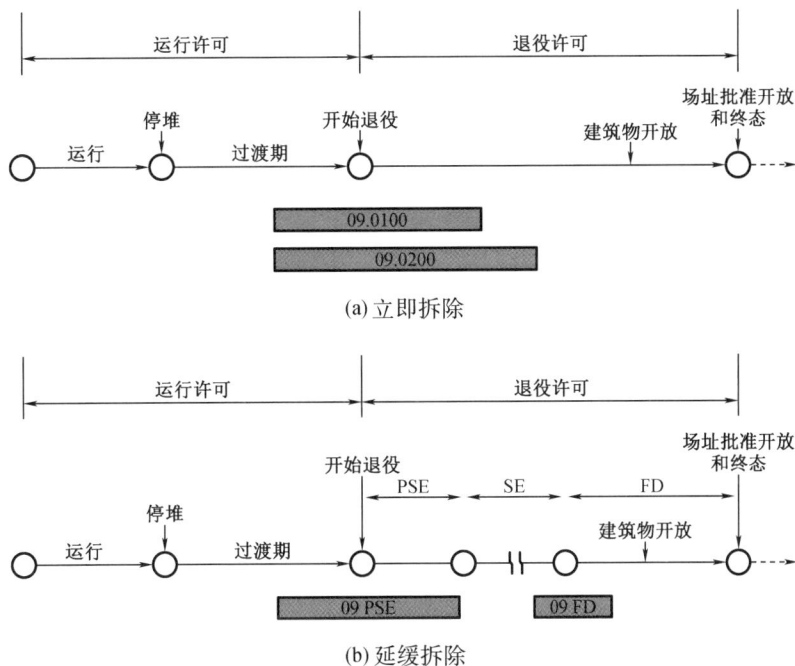

(a) 立即拆除

(b) 延缓拆除

FD—最终拆除;PSE—安全封闭准备;SE—安全封闭。

图 3-10　主要活动 09 的退役活动典型时间表

3.3.10 主要活动 10:燃料与核材料

10.0100 从待退役设施中移除燃料和核材料。

    10.0101 将燃料或核材料转移到外部贮存设施或处理设施。

    10.0102 将燃料或核材料转移到专用缓冲贮存设施。

10.0200 燃料和/或核材料的专用缓冲贮存设施。

    10.0201 缓冲贮存设施的建造。

    10.0202 缓冲贮存设施的运行。

    10.0203 将燃料和/或核材料从缓冲贮存设施中转移出去。

10.0300 缓冲贮存设施的退役。

    10.0301 缓冲贮存设施的退役。

    10.0302 废物管理。

1. 主要活动 10 的一般特征

主要活动 10"燃料与核材料"涉及退役项目中规定的有关乏燃料和核材料管理的所有活动。本项主要活动的最终状态要求是现场无乏燃料和/或任何核材料。如果相关,则包括现场的贮存设施。包括处置在内的乏燃料处理,均不属于主要活动 10 的范围。如果相关,则包括现场缓冲贮存设施的退役。若反应堆建筑物内无临时贮存设施(无论因何等原因),则包含缓冲贮存设施。研究堆和/或特定核电站的退役,可能需要缓冲燃料贮存设施。对于标准核电站退役项目,主要活动 10 涉及冷却期后将乏燃料运出设施的活动。

乏燃料和核材料在从现场运出后的管理,通常属于燃料循环后端计划的范围,而非被视为退役活动。

2. 活动组(第二级)和典型活动(第三级)说明

(1)活动组 10.0100"从待退役设施中移除燃料和核材料"包括以下条目。

①将燃料或核材料转移到外部贮存设施或处理设施(10.0101)。

②将燃料或核材料转移到专用缓冲贮存设施(10.0102)。

(2)活动组 10.0200"燃料和/或核材料的专用缓冲贮存设施"包括以下条目。

①缓冲贮存设施的建造(10.0201)。

②缓冲贮存设施的运行(10.0202)。

③将燃料和/或核材料从缓冲贮存设施中转移出去(10.0203)包括建造成本(若适用),以及在拥有所有权情况下的现场缓冲贮存设施运行和维护活动。当该贮存设施用作退役项目的服务设施时,还包括贮存费用。

(3)活动组 10.0300"缓冲贮存设施的退役"包括以下条目。

①缓冲贮存设施的退役(10.0301)。

②废物管理(10.0302)。

活动组 10.0300 涉及缓冲贮存设施属于退役项目范围的情况。当缓冲贮存设施为设施的一个组成部分时,这种情况可能为小型核设施,如小型研究堆。

有时可能会寻求向其他业主转让设施,在这种情况下,本项包含转让费用。在设施出售的情况中,活动组 11.0400 包括资产。

组织大型贮存设施退役时,通常将其视为一个独立的退役项目,并使用经过特别定义的主要活动 01~11。在这种情况下,主要活动 10 适用于乏燃料至其他贮存设施的运输。

3. 主要活动 10 的成本和融资的确定

可使用退役资金、业主资金或国家预算支付这些活动。具体情况各国不同,并应在假设和边界条件中予以定义。核电站最常见的情况是将乏燃料从反应堆建筑物内的冷却系统运输至远离设施的外部贮存设施(如果设有该设施)。

实施外部燃料贮存的情况如图 3-11 所示。

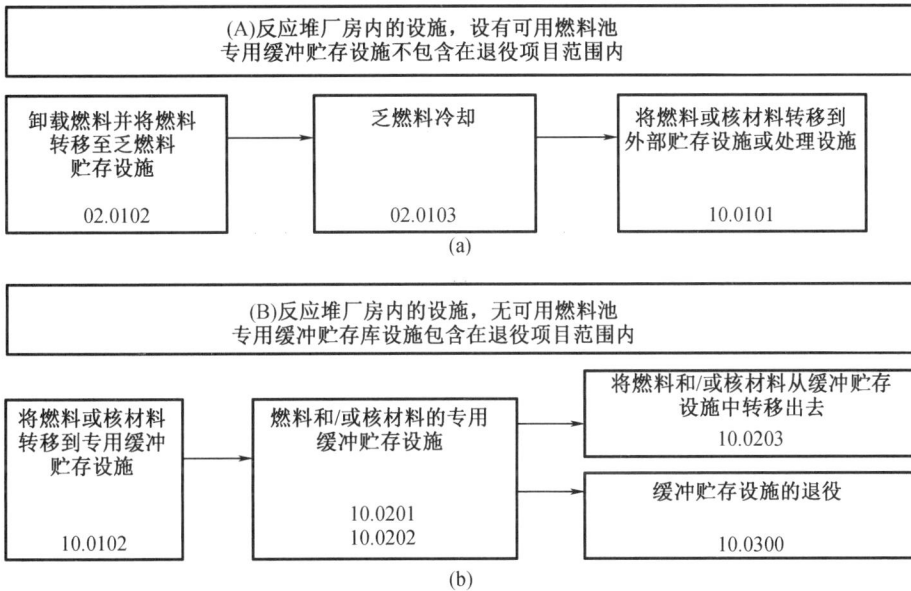

图 3-11 实施外部燃料贮存的情况

对于由于乏燃料类型、乏燃料受损或其他原因导致外部贮存设施不可用,核电站、研究堆或其他核设施存在不同的情况。如果现场有乏燃料缓冲贮存设施,那么相关成本应被纳入退役成本估算(建造、许可、运行、退役)中,此外还包括将乏燃料从外部贮存设施运输至最终目的地的运输费用。例如,为回收研究堆高浓缩燃料,已实施特别计划。

若核电站的乏燃料临时贮存设施距离现场较远,则仅 10.0101 涉及。若研究堆及设施的乏燃料现场贮存设施属于退役项目范围,则应考虑所有的相关条目。外部乏燃料贮存设施的可能用途,如图 3-11 所示。

退役项目的假设和边界条件应定义乏燃料相关活动的范围。

主要活动 10 的退役活动典型时间表如图 3-12 所示。

3.3.11 主要活动 11:杂项支出

11.0100 业主成本。

11.0101 过渡计划的实施。

11.0102 因退役而需要执行的外部项目。

11.0103 向主管机构支付的款项(费用)。

11.0104 特定外部服务和支付。

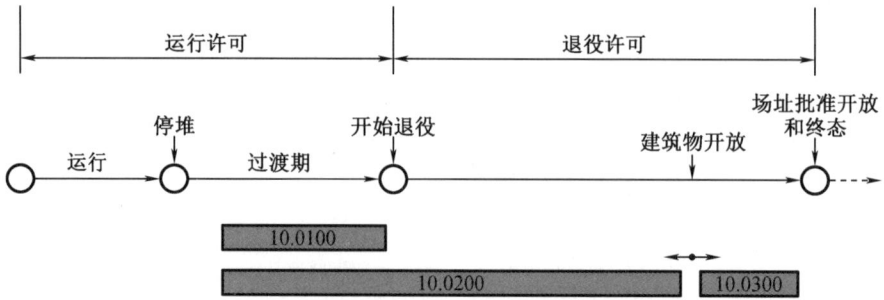

(a) 立即拆除

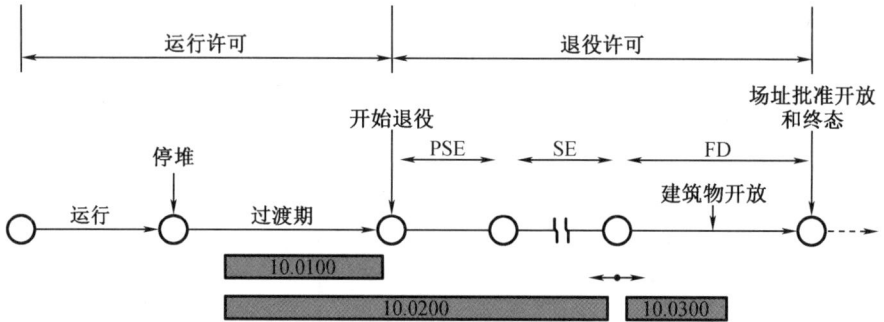

(b) 延缓拆除

FD—最终拆除;PSE—安全封闭准备;SE—安全封闭。

图 3-12 主要活动 10 的退役活动典型时间表

11.0200 税费。

    11.0201 增值税。

    11.0202 地方、社区、联邦税。

    11.0203 环境税。

    11.0204 工业活动税。

    11.0205 其他税。

11.0300 保险。

    11.0301 核相关保险。

    11.0302 其他保险。

11.0400 资产回收。

    11.0401 与(在过渡期间)出售的冗余设备相关的资产回收。

    11.0402 与解控材料相关的资产回收。

    11.0403 与常规拆解和拆除产生的材料与设备相关的资产回收。

    11.0404 与建筑物和场址相关的资产回收。

    11.0405 其他资产回收。

1. 主要活动 11 的一般特征

主要活动 11 主要包括固定成本条目,而非退役活动。主要活动 11 的成本条目通常不能直接分配至主要活动 01~10 中。退役项目期间的所有资产都集中于主要活动 11。

2. 活动组(二级)和典型活动(三级)说明

(1)活动组 11.0100"业主成本"包括以下条目。

①过渡计划的实施(11.0101),如养恤金计划或过渡期相关项目。

②因退役而需要执行的外部项目(11.0102),主要包括在现场级别和其他级别(如市级)补偿停堆后的条目,或者利益相关方同意的其他特定项目。

③向主管机构支付的款项(费用)(11.0103)。

④特定外部服务和支付(11.0104)是与主管机构介入的相关条目,以及与主要活动 01~10 无直接关系的特定服务和支付相关的条目。

(2)活动组 11.0200"税费"包括以下条目。

①增值税(11.0201),若有。

②地方、社区、联邦税(11.0202)。

③环境税(11.0203)。

④工业活动税(11.0204)。

⑤其他税(11.0205)。

(3)活动组 11.0300"保险"包括以下条目。

①核相关保险(11.0301)。

②其他保险(11.0302)。

(4)活动组 11.0400"资产回收"涉及整个退役项目期间的全部资产。

①与(在过渡期间)出售的冗余设备相关的资产回收(11.0401)。

②与解控材料相关的资产回收(11.0402)。

③与常规拆解和拆除产生的材料与设备相关的资产回收(11.0403)。

④与建筑物和场址相关的资产回收(11.0404)。

⑤其他资产回收(11.0405)。

3. 主要活动 11 的成本和融资的确定

主要活动 11 包括与退役项目直接相关(即在定义的项目范围内)但不能分配至主要活动 01~10 的成本条目。这些条目的示例包括:因设施停堆或退役影响而进行补偿的过渡计划、为待退役核设施产生的离职人员制订的养恤金计划或资格再评定项目、向主管机构支付的款项以及各种特定外部服务和支付(不能直接分配至主要活动 01~10 中),以及税费和保险。

资产可能来自出售主要活动 02、主要活动 04 或主要活动 07 项下活动产生的可重复使用设备或材料的销售。在某些情况下,场地再利用可能发挥重要作用。

分配至主要活动 11 的成本条目大多属于固定成本。对于许多项目,这些成本的时间安排将是一项重要考虑因素。

主要活动 11 的退役活动典型时间表如图 3-13 所示。

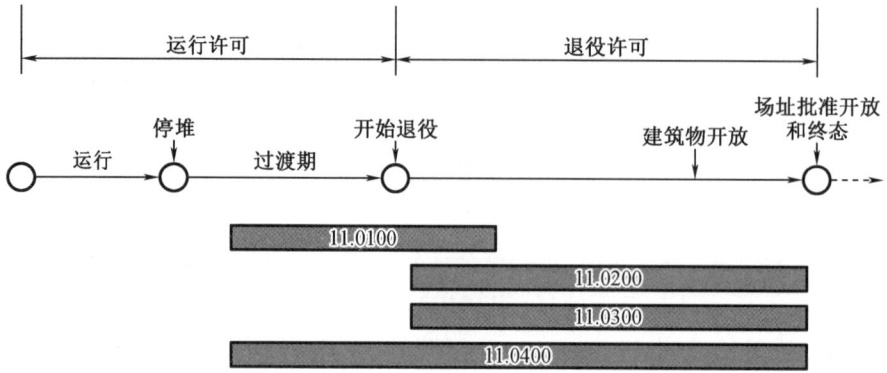

(a)立即拆除

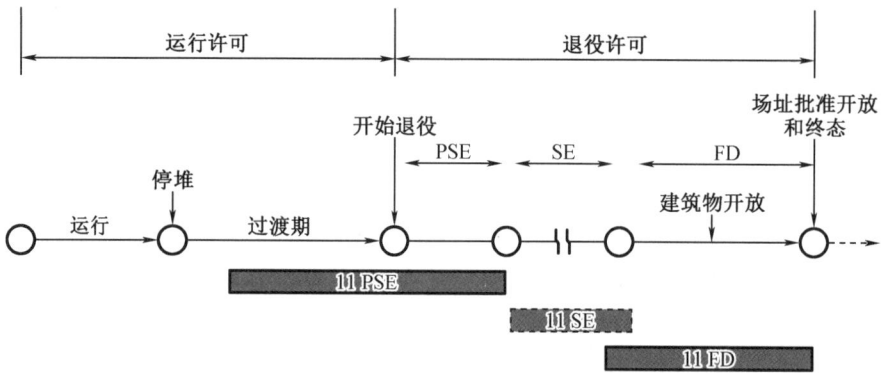

(b)延缓拆除

FD—最终拆除;PSE—安全封闭准备;SE—安全封闭。

图 3-13 主要活动 11 的退役活动典型时间表

注:虚线框中条目"11 SE"表示在安全封闭期间也可能产生其他费用。

3.4 成 本 类 别

活动成本按 4 个主要成本类别细分,如下。

3.4.1 劳动力成本

劳动力成本,包括根据国家法律和工会协议向员工支付的所有款项;根据国家立法支付的社会保险和健康保险;公司同意向员工支付的所有款项以及日常管理费用。在定义日常管理费用时,应注意避免重复计算成本结构中所涉人员的相关成本。

劳动力成本包括以下内容。

(1)薪水。

(2)社会保险和健康保险的缴款。

(3)公司对养恤金计划和附带福利的缴款。

(4)日常管理费用。

3.4.2 投资成本

投资成本(资本金、设备和材料成本),包括资本金、设备和材料成本。在国家会计规则中,通常将作为投资成本纳入的条目定义为设备、材料和备件采购的限额。

投资成本包括以下内容。

(1)用于特定活动的设备。

(2)用于特定活动的机械。

3.4.3 消耗成本

消耗成本,包括与退役活动相关的但不会被确认为劳动力成本及投资成本的所有费用。

消耗成本包括以下内容。

(1)耗材。

(2)备件。

(3)防护服。

(4)差旅费。

(5)法律费用。

(6)税费。

(7)增值税。

(8)保险。

(9)顾问。

(10)质量保证。

(11)租金。

(12)办公用品。

(13)供热成本。

(14)水费。

(15)电费。

(16)计算机。

(17)电话/传真。

(18)清洁。

(19)利息。

(20)公共关系。

(21)许可证/专利。

(22)退役授权。

(23)资产回收收入("负支出")。

3.4.4 不可预见费

不可预见费,针对无具体预期但可能在定义项目范围内合理出现的成本而确定的一项特定成本准备。各主要活动的不可预见费通常不同,随着初步成本估算升级为详细成本估算,其将在后续进行细分(关于该主题的更全面讨论,参见附录 C)。

3.5 退役成本展示矩阵
(国际退役成本估算结构矩阵)

层次成本结构可以用矩阵形式表示,每行代表一项单独活动,且将成本细分为不同类别并由该矩阵的各列表示。表 3-2 列出了国际退役成本估算结构矩阵的主要结构。该矩阵还提供了展示退役成本的一个标准化结构。

表 3-2 国际退役成本估算结构矩阵

第一级	第二级	第三级	活动	劳动力成本	投资成本	消耗成本	不可预见费	总成本	用户定义数据扩展		
01			退役前活动								
	01.0100		退役计划								
		01.0101	策略计划								
		01.0102	初步计划								
		01.0103	最终计划								
	01.0200		设施源项调查								
		01.0201	设施详细源项调查								
		01.0202	有害物质的调查和分析								
		01.0203	建立设施源项数据库								
	其他										
02			设施停堆活动								
03											
04											
05											
06											
07											
08											
09											
10											
11											
总计											

注:▓▓▓—第一级数据汇总;▒▒▒—第二级数据汇总;

░░░—第三级数据汇总;□□□—项目数据统计。

第4章 国际核设施退役成本估算结构的应用

4.1 国际退役成本估算结构与退役过程和成本计算的关系

4.1.1 成本计算的方法

退役涉及一系列可确定特定来源的独立活动,如需处理的材料数量(如拆解)、参与该活动的人数、活动持续时间、进行该活动的条件以及其他参数。在退役项目中,运用适当的资源,可重复多次进行类似的基本活动。国际退役成本估算结构旨在提供一个用于确定这些典型退役活动成本的系统化结构。

根据多种成本计算方法[3, 11, 12, 13],退役的成本估算过程与每一个基本退役活动有关,即以单个基本退役活动、以退役活动组别及以整个退役项目为级别分别评估其成本和其他退役参数。

退役项目的基本活动可根据各种结构进行组织(见第4.2节)。一种方法是从一开始就根据国际退役成本估算结构来确定基本退役活动的成本,必要时由成本估算人员引入额外的等级层次。这些额外层次可用于:区分退役项目的各个阶段,反映设施源项数据库的层次结构(如建筑物、楼层、房间和设备)、技术系统、组织结构要素等。按照这种方法,所产生的成本根据国际退役成本估算结构直接结构化。

另一种方法是根据退役项目工作分解结构中确定的退役活动来计算成本(至少最初是这样的)。工作分解结构根据为计划及管理退役项目而确定的工作包的次序安排退役活动,依照退役项目的工作分解结构可以确定基本退役活动的成本并得到成本估算结果。根据这种方法计算的成本可转换为国际退役成本估算结构,可以与第三级的活动建立直接对应关系。

4.1.2 成本类别

在以国际退役成本估算结构为基础的成本计算方法中,每个退役活动的成本通常是根据国际退役成本估算结构所界定的成本类别来计算的,即劳动力成本、投资成本、消耗成本及不可预见费。对于一些从退役项目角度被视为服务的基本退役活动,则只提供一个数字,这种情况下的成本被视为消耗成本,与不可预见费一起被单独估算。

如果最初是根据不同于国际退役成本估算结构成本类别的成本结构来确定成本,则需要与国际退役成本估算结构成本类别间建立对应关系,以便根据国际退役成本估算结构成本类别来提出成本。退役活动的分组可以根据国际退役成本估算结构中哪些具有典型费用分布来确定。这些典型的分布可用作参考成本类别,例如,废物管理活动、拆除活动、管理/支持活动。这些典型的分布也可能有助于将非国际退役成本估算结构成本类别转化为国际退役成本估算结构。

4.1.3　退役项目各个阶段的成本分配

根据所选的退役策略(立即拆除、延缓拆除和就地掩埋),退役项目可分为几个主要阶段。在系统化的国际退役成本估算结构中,典型的退役活动可能会在退役项目的多个阶段重复进行。立即拆除方案和延缓拆除方案(带有安全封闭)中主要活动01~11的典型活动分布情况如图4-1所示。就地掩埋方案所涉及的前期退役活动,基本上与立即拆除方案或延缓拆除方案相同,只是终态不同。第3章描述了达到这种状态的活动。

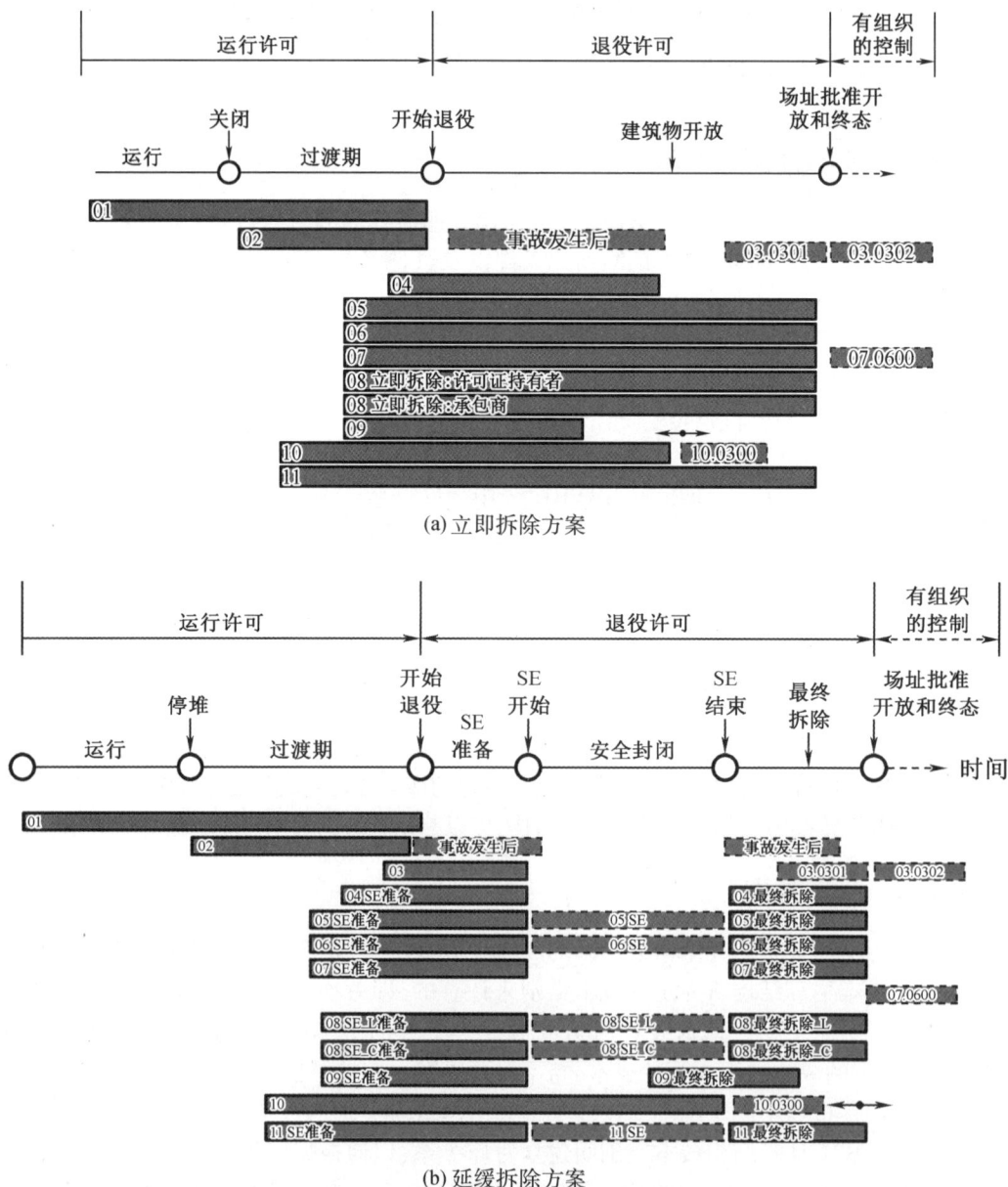

(a) 立即拆除方案

(b) 延缓拆除方案

C—承包商;L—许可证持有者;SE—安全封闭。

图 4-1　主要活动 01~11 的典型活动分布情况

注:有虚线标识的活动只在特定情况下发生。

一个退役项目可分成不同阶段,在第三级每个阶段可能都涉及相同的退役活动,为反映特定项目阶段的情况,可在第三级以下进行额外编号来加以区分。这可使与特定阶段相关的所有成本单独确定,并且也有利于建立工作分解结构和国际退役成本估算结构条目之间的对应关系(见第 4.2 节)。

对于退役各阶段的许可有不同的策略,可以是整个项目单一授权许可的方式,也可以根据主要退役阶段进行分阶段许可的方式。在后一种情况下,与许可有关的某些活动可能重复多次,而且对国际退役成本估算结构主要活动的分配可能有所不同。在这种情况下,第一个退役阶段的许可分配给主要活动 01,其他阶段的许可分配给主要活动 08。

在相关国家法律允许的范围内,将退役计划活动纳入独立退役成本计算中,其中界定了可由国家退役基金出资的活动。对构成退役项目的所有活动成本需要进行评估,不论这些活动是由业主完成,还是通过外包完成。

4.1.4　退役经费筹措来源的含义

退役经费主要是指用于筹措个别退役活动的资金。根据定义,国际退役成本估算结构涉及可在任何退役项目中识别的所有典型退役活动。为个别退役活动筹措资金有几种可能性,如下。

(1)在核设施运行期间收集的退役基金。这是核电站和其他大型设施融资的主要标准来源。

(2)收取用来支付选定的活动的业主基金,如过渡期的费用。可根据国家会计法规收集具体的资金。

(3)国家预算,如国有研究设施。

(4)其他资金,如国际协定部分支付核电站关闭的退役费用的国际资金。

一般而言,可由退役基金支付的退役活动范围是根据国家法律确定的。不同国家法律之间在主要活动 02(即可由国家退役基金支付的退役活动的范围)方面可能有很大差异,在主要活动 01、主要活动 07、主要活动 10 和主要活动 11 方面差异较小。退役过程会分阶段进行,一部分资金由国家退役基金提供,另一部分资金由业主基金提供(如主要活动 02 的次级活动)。就后者而言,费用仍可根据国际退役成本估算结构确定,但这些费用将不包括在退役成本估算中。退役项目的假设和边界条件应清楚界定资金的各个方面。

4.1.5　国际退役成本估算结构及事故发生后的情景

退役计划一般是基于退役开始有关的标准假设和边界条件编制的,包括如下内容。

(1)设施内没有运行废物。

(2)设施内没有乏燃料。

(3)主要系统已经清空、干燥、去污。

(4)运行期间未发生泄漏。

(5)运行期间未发生事故。

(6)有废物管理系统可用。

若至少有一个以上列出的条目没有得到满足,则需要对国际退役成本估算结构活动的标准组成进行修改,这些措施可包括如下内容。

(1)扩大主要活动 01、主要活动 02、主要活动 04 的源项调查活动。

（2）进行更广泛的研究，以支持主要活动 01 内的计划和安全评价活动。

（3）扩大主要活动 02，列入特别活动，延长过渡期的时间，并延长退役期间的一些活动。

（4）由于系统和构筑物的放射性条件更加复杂，扩大主要活动 04 的去污和拆除活动，采用特定或可适应的技术，更多依靠遥控技术，清除受污染的土壤等。

（5）废物管理系统的额外要求。

（6）处理历史和遗留废物。

（7）因系统及构筑物的非标准放射性状况而导致退役废物的成分不同。

（8）为确保安全扩大主要活动 06，如监督、维修、辐射防护、辅助系统的运行等。

（9）扩大场地修复活动。

（10）扩大管理活动及支持。

（11）研发方面的额外要求，以便更好地了解设施的基线情况，制定或调整解决办法，确保系统、构筑物和退役过程的安全。

（12）受损乏燃料和其他乏燃料相关方面的额外活动。

上面所列的非标准假设和边界条件也可能对主要活动 11 产生重大影响，例如，为处理因政治决定而停堆的后果，业主需要承担的额外项目的费用。在这些情况下，标准国际退役成本估算结构可有效用作检查清单或指南，以确保在项目中考虑到所有相关的退役活动。

4.1.6 退役成本计算中与国际退役成本估算结构有关的其他结构

退役项目除了国际退役成本估算结构、国际退役成本估算结构和工作分解结构之外，在退役活动计划、实施及文件编制时，亦须考虑其他成本结构作为会计核算科目。本节介绍了退役成本计算所涉及的 3 个主要成本结构之间的基本关系，如图 4-2 所示。本节的目的不是要提出与会计核算结构联系的详细解决方案，而仅仅是说明会计核算结构与国际退役成本估算结构和工作分解结构之间的关系的原则。

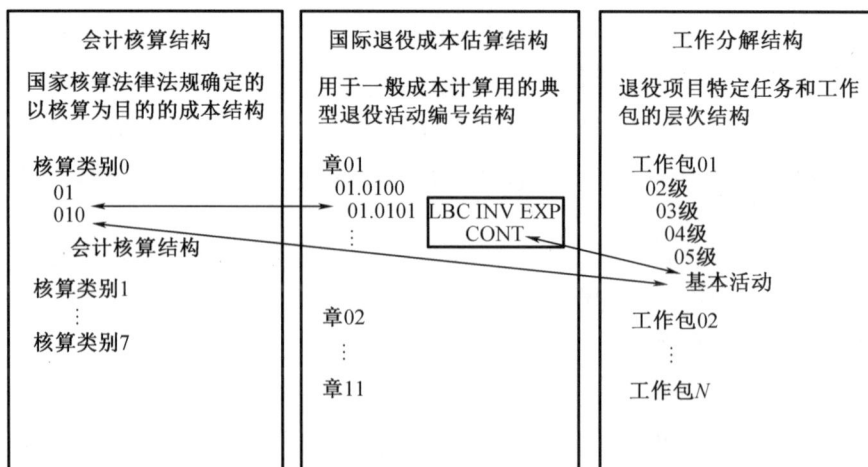

LBC—劳动力成本；INV—投资成本；EXP—消耗成本；CONT—不可预见费。

图 4-2　国际退役成本估算结构、工作分解结构与会计核算结构之间的关系

4.2　在成本计算方面实施国际退役
成本估算结构的方法

如4.1节所述,可以直接使用国际退役成本估算结构来确定退役成本,也可以首先使用项目的工作分解结构来确定退役成本,在这种情况下,这些费用应该映射到国际退役成本估算结构上。这两种方法的原理如图4-3所示。在前一种情况下(图4-3左侧),根据需要扩展到较低层次的国际退役成本估算结构提供了成本计算的基本结构,并创建了与项目工作分解结构的接口,以便成本数据能够与项目的计划进度表相关联。在后一种情况下(图4-3右侧),工作分解结构提供了成本计算的基本结构,并在工作分解结构活动与国际退役成本估算结构(第三级活动)之间建立了接口,以便按照国际退役成本估算结构来计算成本。图4-3显示了退役项目的一般国际退役成本估算结构、成本计算结构、工作分解结构,以及在计划和管理系统中表示工作分解结构的甘特图之间的主要关系。

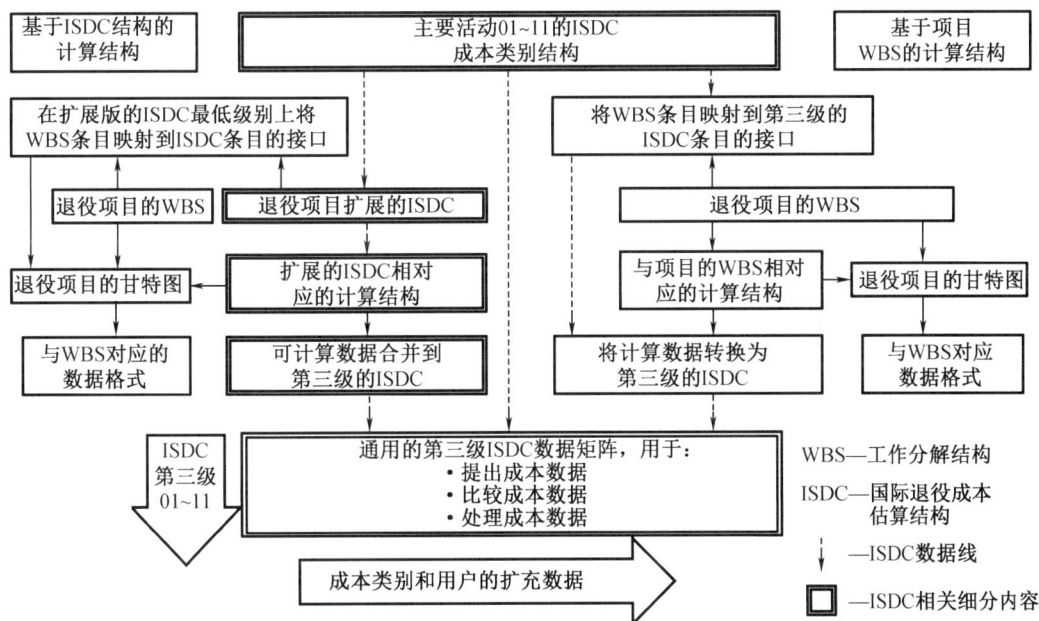

图4-3　退役成本计算中实施国际退役成本估算结构的两种基本方法的原理

4.2.1　使用国际退役成本估算结构将工作分解结构条目映射到国际退役成本估算结构条目

这种方法要求把最低级别的工作分解结构条目链接到国际退役成本估算结构第三级条目。这种映射的原理如图4-4所示。映射的核心是一个接口(表),该接口将工作分解结构条目链接到国际退役成本估算结构条目。

退役项目的工作分解结构

级别	工作分解结构编号	名称
1		……的退役
2	1	……文件
3	1.1	
4	1.1.1	
5	1.1.1.1	
6	1.1.1.1.1	……的退役计划
6	1.1.1.1.2	支撑文件A
6	1.1.1.1.3	支撑文件B
		……
2	7	反应堆拆除……
3	7.1	
4	7.1.1	
5	7.1.1.1	
6	7.1.1.1.1	
7	7.1.1.1.1.1	组件A的拆除
7	7.1.1.1.1.2	组件B的拆除
7	7.1.1.1.1.3	组件C的拆除
		……

工作分解结构—国际退役成本估算结构接口

工作分解结构编号	国际退役成本估算结构第三级
1.1.1.1.1	01.0103
1.1.1.1.2	01.0103
1.1.1.1.3	01.0103
7.1.1.1.1.1	04.0501
7.1.1.1.1.2	04.0501
7.1.1.1.1.3	04.0501

国际退役成本估算结构

第一级	第二级	第三级
01		
	01.0100	
		01.0101
		01.0102
		01.0103
	01.0200	
04		
	04.0100	
	04.0200	
	04.0500	
		04.0501
		04.0502

图4-4　工作分解结构条目与国际退役成本估算结构第三级条目关联的原则

4.2.2　用国际退役成本估算结构作为成本计算结构

尽管可以直接使用国际退役成本估算结构来进行成本估算,或者根据工作分解结构来进行成本估算,然后映射到国际退役成本估算结构上,但前一种方法可能耗费人工更少,特别是正在制定新的成本计算方法的情况下,所需人工更少。从一开始就使用国际退役成本估算结构作为成本计算结构的优点总结如下。

(1)对于退役活动的结构来说,任何规范的计算核心都是相同的,至少到前3个标准化分类级别。自下而上的原则很容易实现。

(2)成本按最低级别计算,可以分组累计向上。

(3)成本和其他退役参数可以按照从第三级以上开始的统一结构来提出。

(4)计算范围与退役项目的范围有关,很容易在计算结构中确定。在所有情况下大致的计算结构相同,但计算范围可因个别计算情况而做出调整,具体实施方法是在成本计算程序中包括或排除某些退役活动。

(5)通过三级编号的国际退役成本估算结构来识别成本条目是清楚明确的。这样,不同退役项目的成本结构便具有可比性和透明度。低于第三级的成本条目管理可以针对个别规范进行,但第三级及以上的统一性仍然存在。

(6)低于第三级的选择性级数编号容易实现。

图4-5概述了以国际退役成本估算结构作为成本计算基础的方法。

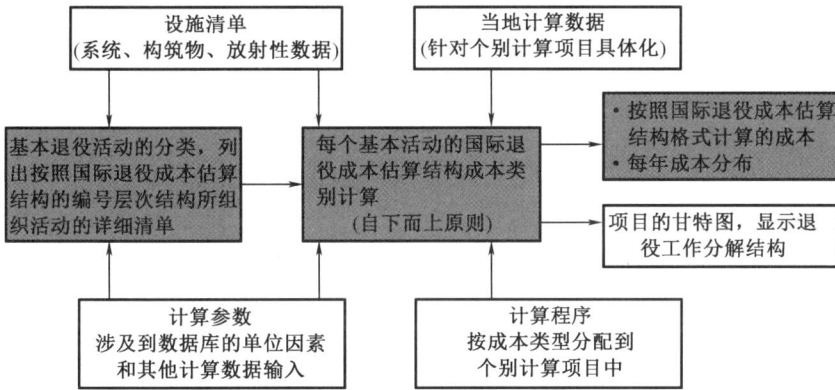

图 4-5　国际退役成本估算结构成本模型的成本计算方法体系

注:灰色背景表示国际退役成本估算结构相关细分内容。

4.3　成本估算报告

4.3.1　报告格式

退役过程的计划和优化一般要求使用两种成本报告样式。

(1)总成本估算样式。

(2)成本时间分布样式。

1.总成本估算样式

所建议列出的退役总成本的样式(表 4-1)一般以国际退役成本估算结构矩阵(见第 3.5 节)为基础。

表 4-1　基本成本估算数据矩阵示例

退役活动	成本类别				
	劳动力成本(L)	投资成本(I)	消耗成本(E)	不可预见费(C)	总成本(T)
01 退役前活动	L_{01}	I_{01}	E_{01}	C_{01}	$L_{01}+I_{01}+E_{01}+C_{01}$
01.0100 退役计划	$L_{01.0100}$	$I_{01.0100}$	$E_{01.0100}$	$C_{01.0100}$	$L_{01.0100}+I_{01.0100}+E_{01.0100}+C_{01.0100}$
01.0101 策略计划	$L_{01.0101}$	$I_{01.0101}$	$E_{01.0101}$	$C_{01.0101}$	$L_{01.0101}+I_{01.0101}+E_{01.0101}+C_{01.0101}$
…					
…					
…					
01.0200 设施源项调查	$L_{01.0200}$	$I_{01.0200}$	$E_{01.0200}$	$C_{01.0200}$	$L_{01.0200}+I_{01.0200}+E_{01.0200}+C_{01.0200}$
…					
…					
…					

表 4-1（续）

退役活动	成本类别				
	劳动力成本（L）	投资成本（I）	消耗成本（E）	不可预见费（C）	总成本（T）
02 设施停堆活动	L_{02}	I_{02}	E_{02}	C_{02}	$L_{02}+I_{02}+E_{02}+C_{02}$
…					
…					
…					
总成本	$L_{01\sim11}$	$I_{01\sim11}$	$E_{01\sim11}$	$C_{01\sim11}$	$L_{01\sim11}+I_{01\sim11}+E_{01\sim11}+C_{01\sim11}$

（1）横轴为成本类别，即劳动力成本、投资成本、消耗成本、不可预见费和总成本。国际退役成本估算结构的较高级别成本条目代表结构中较低级别所有相关成本条目的总和（例如，$L_{01}=L_{01.0100}+L_{01.0200}+L_{01.0300}+\cdots$）。

（2）纵轴为反映国际退役成本估算结构的退役活动。所报告活动的详细级别（第一级、第二级或第三级）可能会因在退役计划过程中输出数据进一步应用目的的不同而有所不同。

在退役计划过程中，可能需要按照不同的报告样式提交总成本数据。例如，在计划使用外部公司的退役活动中，每幢建筑物（建筑物组别）可代表一个独立的退役项目。承包公司根据退役被授权人的要求，对选定的建筑物进行选定的退役活动。在这种情况下，每个建筑物的承包费用要单独报告，反映承包商正在进行的退役活动（通常是拆解和拆除）的范围。

根据设施的不同部分进行成本分离可通过第四级结构来实现，该层级结构由成本估算师来确定。表 4-2 中列出了 3 幢建筑物（CB）——CB1、CB2 及 CB3 分别在控制区外进行拆除活动（主要活动 07）的例子。根据成本数据条目的报告结果，被授权人可以分别计算这 3 份合同的价值。

表 4-2 根据建筑物结构组织成本估算数据矩阵的示例

退役活动	成本类别				
	劳动力成本（L）	投资成本（I）	消耗成本（E）	不可预见费（C）	总成本（T）
01 退役前活动					

表 4-2(续)

退役活动	成本类别				
	劳动力成本(L)	投资成本(I)	消耗成本(E)	不可预见费(C)	总成本(T)
07 常规拆解、拆除和场址修复—CB1	L_{07}	I_{07}	E_{07}	C_{07}	$L_{07}+I_{07}+E_{07}+C_{07}$
07.0100 常规拆解和拆除设备的采购……—CB1	$L_{07.0100}$	$I_{07.0100}$	$E_{07.0100}$	$C_{07.0100}$	$L_{07.0100}+I_{07.0100}+E_{07.0100}+C_{07.0100}$
07.0200 控制区外系统和建筑部件的拆除……—CB1	$L_{07.0200}$	$I_{07.0200}$	$E_{07.0200}$	$C_{07.0200}$	$L_{07.0200}+I_{07.0200}+E_{07.0200}+C_{07.0200}$
07.0201 发电系统—CB1	$L_{07.0201}$	$I_{07.0201}$	$E_{07.0201}$	$C_{07.0201}$	$L_{07.0201}+I_{07.0201}+E_{07.0201}+C_{07.0201}$
07.0202 冷却系统部件—CB1	$L_{07.0202}$	$I_{07.0202}$	$E_{07.0202}$	$C_{07.0202}$	$L_{07.0202}+I_{07.0202}+E_{07.0202}+C_{07.0202}$
07 常规拆解、拆除和场址修复—CB2	L_{07}	I_{07}	E_{07}	C_{07}	$L_{07}+I_{07}+E_{07}+C_{07}$
07.0100 常规拆解和拆除设备的采购……—CB2	$L_{07.0100}$	$I_{07.0100}$	$E_{07.0100}$	$C_{07.0100}$	$L_{07.0100}+I_{07.0100}+E_{07.0100}+C_{07.0100}$
07.0200 控制区外系统和建筑部件的拆除……—CB2	$L_{07.0200}$	$I_{07.0200}$	$E_{07.0200}$	$C_{07.0200}$	$L_{07.0200}+I_{07.0200}+E_{07.0200}+C_{07.0200}$
07.0201 发电系统—CB2	$L_{07.0201}$	$I_{07.0201}$	$E_{07.0201}$	$C_{07.0201}$	$L_{07.0201}+I_{07.0201}+E_{07.0201}+C_{07.0201}$
07.0202 冷却系统部件—CB2	$L_{07.0202}$	$I_{07.0202}$	$E_{07.0202}$	$C_{07.0202}$	$L_{07.0202}+I_{07.0202}+E_{07.0202}+C_{07.0202}$
07 常规拆解、拆除和场址修复—CB3	L_{07}	I_{07}	E_{07}	C_{07}	$L_{07}+I_{07}+E_{07}+C_{07}$
07.0100 常规拆解和拆除设备的采购……—CB3	$L_{07.0100}$	$I_{07.0100}$	$E_{07.0100}$	$C_{07.0100}$	$L_{07.0100}+I_{07.0100}+E_{07.0100}+C_{07.0100}$
07.0200 控制区外系统和建筑部件的拆除……—CB3	$L_{07.0200}$	$I_{07.0200}$	$E_{07.0200}$	$C_{07.0200}$	$L_{07.0200}+I_{07.0200}+E_{07.0200}+C_{07.0200}$
07.0201 发电系统—CB3	$L_{07.0201}$	$I_{07.0201}$	$E_{07.0201}$	$C_{07.0201}$	$L_{07.0201}+I_{07.0201}+E_{07.0201}+C_{07.0201}$
07.0202 冷却系统部件—CB3	$L_{07.0202}$	$I_{07.0202}$	$E_{07.0202}$	$C_{07.0202}$	$L_{07.0202}+I_{07.0202}+E_{07.0202}+C_{07.0202}$

2. 成本时间分布样式

成本时间分布样式是以适当的样式报告每个重大成本条目的时间分配,以便为每个退役阶段进行预算计划,这样就能够根据项目的确定阶段来进行更详细的计划,包括以下内容。

（1）确定为完成计划中的退役过程所必需的一系列对新技术、设施或设备的投资。

（2）估算所有已计划退役活动的费用。

（3）为每个相关的国际退役成本估算结构条目确定人员需求，在这段时间内所计划进行的活动不可避免地需要劳动力成本。

（4）在退役预算中为该进程期间的每一项相关活动和时间周期分配适当的不可预见费。

大型退役项目计划为符合资金需求，可能需要报告以年为周期的成本数据。在某些情况下，特别是对于小型的退役项目，可能需要更详细的（季度或月度）成本流程样式。成本数据在时间上的分布可以各种形式表示，如下。

①图表（直方图），y 轴显示选定的成本数据条目，x 轴显示时间。

②甘特图，作为报告项目进度的标准样式，将每个活动的数据源添加到甘特图结构中，可以报告成本参数的时间分布。

③多维表，可理解为报告总成本矩阵的扩展（表4-2）。该表的下一个维度由报告单个成本数据条目所需的时间周期表示（表4-3）。

4.3.2 成本报告展示

成本报告主要是说明国际退役成本估算结构中的退役成本（如在概念性退役计划中），建议包括以下内容。

（1）摘要：突出成本估算报告的要点。

（2）核设施说明：主要说明核设施所具有的主要系统，并详细讨论对成本参数有重大影响的设施材料和放射性物质清单。

（3）选定的退役策略及方法：描述并分析拟采用的技术，包括对于拆除、去污、放射性废物管理方案等所采取的方法及原则，以便在退役完成后，达到所计划的场址最终状态，重点说明对成本估算或退役资金的影响。

（4）成本估算方法：详细说明用于成本估算的方法，包括所用的成本计算方法（计算代码）。

（5）假设和边界条件：界定输入参数、约束及限制，以限制退役及成本估算程序。

（6）结果和表格：被认为是报告中最重要部分，通常对一个以上的退役备选方案，以各种格式列出费用计算结果、结果分析以及最佳退役备选方案的选择。

（7）结论：总结报告的要点，并强调在退役费用方面取得的最重要成果。

表 4-3　多维表中的成本时间分布

退役活动	时间周期 A					时间周期 B					⋯	时间周期 N				
成本类别	L_A	I_A	E_A	C_A	T_A	L_B	I_B	E_B	C_B	T_B	⋯	L_N	I_N	E_N	C_N	T_N
01 退役前活动	L_{A-01}	I_{A-01}	E_{A-01}	C_{A-01}	T_{A-01}	L_{B-01}	I_{B-01}	E_{B-01}	C_{B-01}	T_{B-01}	⋯	L_{N-01}	I_{N-01}	E_{N-01}	C_{N-01}	T_{N-01}
01.0100 退役计划	$L_{A-01.0100}$	$I_{A-01.0100}$	$E_{A-01.0100}$	$C_{A-01.0100}$	$T_{A-01.0100}$	$L_{B-01.0100}$	$I_{B-01.0100}$	$E_{B-01.0100}$	$C_{B-01.0100}$	$T_{B-01.0100}$	⋯	$L_{N-01.0100}$	$I_{N-01.0100}$	$E_{N-01.0100}$	$C_{N-01.0100}$	$T_{N-01.0100}$
01.0101 策略计划	$L_{A-01.0101}$	$I_{A-01.0101}$	$E_{A-01.0101}$	$C_{A-01.0101}$	$T_{A-01.0101}$	$L_{B-01.0101}$	$I_{B-01.0101}$	$E_{B-01.0101}$	$C_{B-01.0101}$	$T_{B-01.0101}$	⋯	$L_{N-01.0101}$	$I_{N-01.0101}$	$E_{N-01.0101}$	$C_{N-01.0101}$	$T_{N-01.0101}$
⋯	⋯	⋯	⋯	⋯	⋯	⋯	⋯	⋯	⋯	⋯	⋯	⋯	⋯	⋯	⋯	⋯
⋯	⋯	⋯	⋯	⋯	⋯	⋯	⋯	⋯	⋯	⋯	⋯	⋯	⋯	⋯	⋯	⋯
01.0200 设施源项调查	$L_{A-01.0200}$	$I_{A-01.0200}$	$E_{A-01.0200}$	$C_{A-01.0200}$	$T_{A-01.0200}$	$L_{B-01.0200}$	$I_{B-01.0200}$	$E_{B-01.0200}$	$C_{B-01.0200}$	$T_{B-01.0200}$	⋯	$L_{N-01.0200}$	$I_{N-01.0200}$	$E_{N-01.0200}$	$C_{N-01.0200}$	$T_{N-01.0200}$
⋯	⋯	⋯	⋯	⋯	⋯	⋯	⋯	⋯	⋯	⋯	⋯	⋯	⋯	⋯	⋯	⋯
⋯	⋯	⋯	⋯	⋯	⋯	⋯	⋯	⋯	⋯	⋯	⋯	⋯	⋯	⋯	⋯	⋯
02 设施停堆活动	L_{A-02}	I_{A-02}	E_{A-02}	C_{A-02}	T_{A-02}	L_{B-02}	I_{B-02}	E_{B-02}	C_{B-02}	T_{B-02}	⋯	L_{N-02}	I_{N-02}	E_{N-02}	C_{N-02}	T_{N-02}
⋯	⋯	⋯	⋯	⋯	⋯	⋯	⋯	⋯	⋯	⋯	⋯	⋯	⋯	⋯	⋯	⋯
⋯	⋯	⋯	⋯	⋯	⋯	⋯	⋯	⋯	⋯	⋯	⋯	⋯	⋯	⋯	⋯	⋯
时间周期总成本	$L_{A-0\sim11}$	$I_{A-0\sim11}$	$E_{A-01\sim11}$	$C_{A-01\sim11}$	$T_{A-01\sim11}$	$L_{B-01\sim11}$	$I_{B-01\sim11}$	$E_{B-01\sim11}$	$C_{B-01\sim11}$	$T_{B-01\sim11}$	⋯	$L_{N-01\sim11}$	$I_{N-01\sim11}$	$E_{N-01\sim11}$	$C_{N-01\sim11}$	$T_{N-01\sim11}$

参 考 文 献^①

[1] OECD Nuclear Energy Agency, International Atomic Energy Agency, European Commission (1999), Nuclear Decommissioning: A Proposed Standardised List of Items for Costing Purposes, Interim Technical Document, OECD/NEA, Paris.

[2] OECD Nuclear Energy Agency (2010), "Cost Estimation for Decommissioning: An International Overview of Cost Elements, Estimation Practices and Reporting Requirements", OECD/NEA, Paris.

[3] International Atomic Energy Agency (2005), "Financial Aspects of Decommissioning", IAEA-TECDOC-1476, IAEA, Vienna.

[4] Atomic Industrial Forum, National Environmental Studies Project (1986), "Guidelines for Producing Nuclear Power Plant Decommissioning Cost Estimates", AIF/NESP-036, Washington.

[5] Association for the Advancement of Cost Engineering International (1993), "Project and Cost Engineer's Handbook", AACE, Morgantown.

[6] International Atomic Energy Agency (2005), "Selection of Decommissioning Issues: Issues and Factors", IAEA-TECDOC1478, IAEA, Vienna.

[7] Rahman, A. (2003), "Multi-Attribute Utility Analysis-A Major Decision Aid Technique", Nuclear Energy, 42 No. 2 April 87-3.

[8] International Atomic Energy Agency (2004), "Transition from Operation to Decommissioning of Nuclear Installations", Technical Reports Series No. 420, IAEA, Vienna.

[9] International Atomic Energy Agency (2009), Classification of Radioactive Waste, General Safety Guide, Safety Standards Series No. GSG-1, IAEA, Vienna.

[10] International Atomic Energy Agency (2005), "Standard Format and Content for Safety Related Decommissioning Documents", Safety Reports Series No. 45, IAEA, Vienna.

[11] Taboas, A., Moghissi, A. A., Laguardia, T. S. (2004), The Decommissioning Handbook, American Society of Mechanical Engineers, Environmental Engineering Division, New York.

[12] European Commission, Coordinated Network on Decommissioning, Report on Cost Aspects of Decommissioning, Contract Number FI6O-508855.

[13] Petrasch, P. (2000), "Cost Calculation Method for Decommissioning of Light-Water Reactors", Rep. No. 5139/CA/F 000320, 1 June.

---

① 为原著参考文献。

附　　录

附录A　成本条目层次结构总结

01　退役前活动

01.0100　退役计划。

    01.0101　策略计划。

    01.0102　初步计划。

    01.0103　最终计划。

01.0200　设施源项调查。

    01.0201　设施详细源项调查。

    01.0202　有害物质的调查和分析。

    01.0203　建立设施源项数据库。

01.0300　安全、安保和环境研究。

    01.0301　退役安全分析。

    01.0302　环境影响评价。

    01.0303　现场作业的安全、安保和应急计划。

01.0400　废物管理计划。

    01.0401　制定废物管理标准。

    01.0402　制订废物管理计划。

01.0500　授权。

    01.0501　许可申请和许可审批。

    01.0502　利益相关方的参与。

01.0600　管理小组筹备和承包。

    01.0601　管理团队活动。

    01.0602　承包活动。

02　设施停堆活动

02.0100　核电站停堆和检查。

    02.0101　终止运行、稳定核电站、切断和检查。

    02.0102　卸载燃料并将燃料转移至乏燃料贮存设施。

    02.0103　乏燃料冷却。

    02.0104　燃料、裂变材料和其他核材料的管理。

    02.0105　电力设备的切断。

    02.0106　设施再利用。

02.0200 系统排水和干燥。

    02.0201 停止运行的封闭系统排水和干燥。

    02.0202 停止运行的乏燃料池和其他开放式系统排水。

    02.0203 清除开放式系统中的污泥和产物。

    02.0204 特殊工艺流体的排放。

02.0300 封闭系统去污减少辐照量。

    02.0301 按运行程序进行工艺装置去污。

    02.0302 按附加程序进行工艺装置去污。

02.0400 作为详细计划依据的放射性源项调查。

    02.0401 放射性源项调查。

    02.0402 地下水监测。

02.0500 清除系统流体、运行废物和冗余材料。

    02.0501 清除易燃材料。

    02.0502 清除系统流体(水、油等)。

    02.0503 清除特殊系统流体。

    02.0504 清除去污产生的废物。

    02.0505 清除废树脂。

    02.0506 清除燃料循环设施中的特殊运行废物。

    02.0507 清除设施运行产生的其他废物。

    02.0508 清除冗余设备和材料。

03 安全封闭或就地掩埋的补充活动

03.0100 安全封闭的准备工作。

    03.0101 对选定部件和区域进行去污,以便于进行安全封闭。

    03.0102 长期贮存分区。

    03.0103 清除不适于安全封闭的库存。

    03.0104 拆除受污染的设备和材料,并转移至封隔结构中长期贮存。

    03.0105 为进行安全封闭的放射性源项调查。

03.0200 现场边界重新配置、切断和保护结构。

    03.0201 修改辅助系统。

    03.0202 现场边界重新配置。

    03.0203 修建临时封闭、贮存点、结构加固等。

    03.0204 待修复放射性和危险废物的稳定。

    03.0205 设施控制区的加固、安全封闭隔离。

03.0300 设施就地掩埋。

    03.0301 设施就地掩埋作为退役策略的最终状态。

    03.0302 就地掩埋最终状态的机构监管和监控。

04　控制区内的拆除活动

04.0100　去污和拆除设备的采购。

　　04.0101　一般现场拆除设备的采购。

　　04.0102　人员和工具去污设备的采购。

　　04.0103　反应堆系统拆除专用工具的采购。

　　04.0104　燃料循环设施拆除专用工具的采购。

　　04.0105　其他部件或构筑物拆除专用工具的采购。

04.0200　拆除准备和支持措施。

　　04.0201　支持拆除的现有服务、设施和场地的重新配置。

　　04.0202　拆除的基础设施和后勤准备。

　　04.0203　拆除过程中的持续放射性源项调查。

04.0300　拆除前去污。

　　04.0301　剩余系统排水。

　　04.0302　清除剩余系统中的污泥和产出物。

　　04.0303　剩余系统去污。

　　04.0304　建筑物内部区域去污。

04.0400　特殊材料拆除。

　　04.0401　隔热层拆除。

　　04.0402　石棉拆除。

　　04.0403　其他有害物质清除。

04.0500　主要工艺系统、构筑物和部件的拆除。

　　04.0501　反应堆内部构件的拆除。

　　04.0502　反应堆容器和堆芯部件的拆除。

　　04.0503　其他主要回路部件的拆除。

　　04.0504　燃料循环设施中主要工艺系统的拆除。

　　04.0505　其他核设施中主要工艺系统的拆除。

　　04.0506　外部热屏蔽层/生物屏蔽层的拆除。

04.0600　其他系统和部件的拆除。

　　04.0601　辅助系统的拆除。

　　04.0602　剩余部件的拆除。

04.0700　清除建筑结构中的污染物。

　　04.0701　建筑物中嵌入件的拆除。

　　04.0702　受污染结构的拆除。

　　04.0703　建筑物去污。

04.0800　清除建筑物外部区域的污染物。

　　04.0801　地下受污染管道和结构的拆除。

　　04.0802　受污染土壤和其他受污染物品的移除。

04.0900　为建筑物开放进行的最终放射性调查。

　　04.0901　建筑物的最终放射性调查。

　　04.0902　建筑物的解控。

05　废物处理、贮存和处置

05.0100　废物管理系统。

　　05.0101　废物管理系统建立。

　　05.0102　退役废物管理系统现有设施的重建。

　　05.0103　为管理历史/遗留废物而额外采购的设备。

　　05.0104　废物管理系统的维护、监控和运行支持。

　　05.0105　废物管理系统的撤出/退役。

05.0200　历史/遗留高放废物的管理。

　　05.0201　特性鉴定。

　　05.0202　回取和处理。

　　05.0203　最终整备。

　　05.0204　贮存。

　　05.0205　运输。

　　05.0206　处置。

　　05.0207　容器。

05.0300　历史/遗留中放废物的管理。

　　05.0301　特性鉴定。

　　05.0302　回取和处理。

　　05.0303　最终整备。

　　05.0304　贮存。

　　05.0305　运输。

　　05.0306　处置。

　　05.0307　容器。

05.0400　历史/遗留低放废物的管理。

　　05.0401　特性鉴定。

　　05.0402　回取和处理。

　　05.0403　最终整备。

　　05.0404　贮存。

　　05.0405　运输。

　　05.0406　处置。

　　05.0407　容器。

05.0500　历史/遗留极低放废物的管理。

　　05.0501　特性鉴定。

　　05.0502　回取、处理和包装。

　　05.0503　运输。

　　05.0504　处置。

05.0600　历史/遗留豁免废物和材料的管理。

　　05.0601　回取、处理和包装。

05.0602　豁免废物和材料的清洁解控水平测量。

05.0603　危险废物的运输。

05.0604　在专用废物处置场处置危险废物。

05.0605　常规废物和材料的运输。

05.0606　在常规废物处置场处置常规废物。

05.0700　退役产生的高放废物的管理。

05.0701　特性鉴定。

05.0702　处理。

05.0703　最终整备。

05.0704　贮存。

05.0705　运输。

05.0706　处置。

05.0707　容器。

05.0800　退役产生的中放废物的管理。

05.0801　特性鉴定。

05.0802　处理。

05.0803　最终整备。

05.0804　贮存。

05.0805　运输。

05.0806　处置。

05.0807　容器。

05.0900　退役产生的低放废物的管理。

05.0901　特性鉴定。

05.0902　处理。

05.0903　最终整备。

05.0904　贮存。

05.0905　运输。

05.0906　处置。

05.0907　容器。

05.1000　退役产生的极低放废物的管理。

05.1001　特性鉴定。

05.1002　处理和包装。

05.1003　运输。

05.1004　处置。

05.1100　退役产生的极短寿命废物的管理。

05.1101　特性鉴定。

05.1102　处理、贮存、整备和包装。

05.1103　对退役产生的极短寿命废物的最终管理。

05.1200　退役豁免废物和材料的管理。

　　　05.1201　处理和包装。

　　　05.1202　豁免废物和材料的清洁解控水平测量。

　　　05.1203　危险废物的运输。

　　　05.1204　在专用废物处置场处置危险废物。

　　　05.1205　常规废物和材料的运输。

　　　05.1206　在常规废物处置场处置常规废物。

05.1300　对控制区外产生的退役废物和材料的管理。

　　　05.1301　混凝土再循环。

　　　05.1302　危险废物的处理和包装。

　　　05.1303　其他材料的处理和再循环。

　　　05.1304　危险废物的运输。

　　　05.1305　在专用废物处置场处置危险废物。

　　　05.1306　常规废物和材料的运输。

　　　05.1307　在常规废物处置场处置常规废物。

06　现场基础设施和运行

06.0100　现场安保和监控。

　　　06.0101　一般安保设备的采购。

　　　06.0102　自动化门禁系统、监控系统及警报系统的运行和维护。

　　　06.0103　安保围栏及其余入口防止非法进入的保护措施。

　　　06.0104　警卫/安保力量的部署。

06.0200　现场运行和维护。

　　　06.0201　建筑物和系统的检查与维护。

　　　06.0202　现场维护活动。

06.0300　支持系统的运行。

　　　06.0301　供电系统。

　　　06.0302　通风系统。

　　　06.0303　供暖、蒸汽及照明系统。

　　　06.0304　供水系统。

　　　06.0305　污水/废水系统。

　　　06.0306　压缩空气/氮气系统。

　　　06.0307　其他系统。

06.0400　辐射和环境安全监测。

　　　06.0401　辐射防护设备及环境监测设备的采购和维护。

　　　06.0402　辐射防护和监测。

　　　06.0403　环境保护和辐射环境监测。

07　常规拆解、拆除和场址修复

07.0100　常规拆解和拆除设备的采购。

　　　07.0101　常规拆解和拆除设备的采购。

07.0200　控制区外系统和建筑部件的拆除。

　　　07.0201　发电系统。

　　　07.0202　冷却系统部件。

　　　07.0203　其他辅助系统。

07.0300　建筑物和构筑物的拆除。

　　　07.0301　控制区内建筑物和构筑物的拆除。

　　　07.0302　控制区外建筑物和构筑物的拆除。

　　　07.0303　烟囱的拆除。

07.0400　最终清理、景观美化和翻新。

　　　07.0401　土方工程、土地工程。

　　　07.0402　景观美化和其他现场修整活动。

　　　07.0403　建筑物翻新。

07.0500　场址最终放射性调查。

　　　07.0501　最终调查。

　　　07.0502　最终调查的独立验证。

07.0600　资产有限或受限解控的永久供资/监控。

　　　07.0601　例行维护。

　　　07.0602　(现场和其余构筑物的)监控和监测。

08　项目管理、工程技术和支持

08.0100　进场和准备工作。

　　　08.0101　人员进场。

　　　08.0102　为退役项目建立一般支持性基础设施。

08.0200　项目管理。

　　　08.0201　核心管理小组。

　　　08.0202　项目实施计划、详细的持续计划。

　　　08.0203　时间安排和成本控制。

　　　08.0204　安全和环境分析,持续研究。

　　　08.0205　质量保证和质量监督。

　　　08.0206　综合管理和会计。

　　　08.0207　公共关系和利益相关方的参与。

08.0300　支持服务。

　　　08.0301　工程技术支持。

　　　08.0302　信息系统和计算机支持。

　　　08.0303　废物管理支持。

　　　08.0304　包括化学、去污等的退役支持。

08.0305　　人事管理和培训。

08.0306　　文件和记录控制。

08.0307　　采购、仓储以及物料搬运。

08.0308　　住房、办公设备、支持服务。

08.0400　健康和安全。

08.0401　　保健物理。

08.0402　　工业安全。

08.0500　撤出。

08.0501　　退役项目基础设施的撤出。

08.0502　　人员退场。

08.0600　承包商进场和准备工作(如需要)。

08.0601　　人员进场。

08.0602　　为退役项目建立一般支持性基础设施。

08.0700　承包商的项目管理(如需要)。

08.0701　　核心管理小组。

08.0702　　项目实施计划、详细的持续计划。

08.0703　　时间安排和成本控制。

08.0704　　安全和环境分析,持续研究。

08.0705　　质量保证和质量监控。

08.0706　　综合管理和会计。

08.0707　　公共关系和利益相关方的参与。

08.0800　承包商提供的支持服务(如需要)。

08.0801　　工程技术支持。

08.0802　　信息系统和计算机支持。

08.0803　　废物管理支持。

08.0804　　包括化学、去污等的退役支持。

08.0805　　人事管理和培训。

08.0806　　文件和记录控制。

08.0807　　采购、仓储以及物料搬运。

08.0808　　住房、办公设备、支持服务。

08.0900　承包商的健康和安全工作(如需要)。

08.0901　　保健物理。

08.0902　　工业安全。

08.1000　承包商退场(如需要)。

08.1001　　退役项目基础设施的撤出。

08.1002　　人员退场。

09 研发

09.0100 设备、技术、程序的研发。

    09.0101 源项调查设备、技术和程序。

    09.0102 去污设备、技术和程序。

    09.0103 拆除设备、技术和程序。

    09.0104 废物管理设备、技术和程序。

    09.0105 其他研发活动。

09.0200 复杂工程的模拟。

    09.0201 实体模型和培训。

    09.0202 测试或演示程序。

    09.0203 计算机模拟、可视化和3D建模。

    09.0204 其他活动。

10 燃料与核材料

10.0100 从待退役设施中移除燃料和核材料。

    10.0101 将燃料或核材料转移到外部贮存设施或处理设施。

    10.0102 将燃料或核材料转移到专用缓冲贮存设施。

10.0200 燃料和/或核材料的专用缓冲贮存设施。

    10.0201 缓冲贮存设施的建造。

    10.0202 缓冲贮存设施的运行。

    10.0203 将燃料和/或核材料从缓冲贮存设施中转移出去。

10.0300 缓冲贮存设施的退役。

    10.0301 缓冲贮存设施的退役。

    10.0302 废物管理。

11 杂项支出

11.0100 业主成本。

    11.0101 过渡计划的实施。

    11.0102 因退役而需要执行的外部项目。

    11.0103 向主管机构支付的款项(费用)。

    11.0104 特定外部服务和支付。

11.0200 税费。

    11.0201 增值税。

    11.0202 地方、社区、联邦税。

    11.0203 环境税。

    11.0204 工业活动税。

    11.0205 其他税。

11.0300 保险。

    11.0301 核相关保险。

11.0302 其他保险。

11.0400 资产回收。

11.0401 与(在过渡期间)出售的冗余设备相关的资产回收。

11.0402 与解控材料相关的资产回收。

11.0403 与常规拆解和拆除产生的材料与设备相关的资产回收。

11.0404 与建筑物和场址相关的资产回收。

11.0405 其他资产回收。

附录 B 退役成本估算中的假设和边界条件列表

以下关于假设和边界条件的详细清单,旨在就费用估算所包含工程范围的完整性向用户提供指导。该清单根据相似的作业活动及退役阶段对假设和边界条件进行了分类,其目的是能够处理每个阶段的具体工作活动,以确保涵盖估算的所有要素。

A. 工程和计划

1. 关闭前活动

- 策略选择
- 关闭日期
- 安全封闭时间
- 用于退役计划的设施源项调查
- 设备处置的工程和计划假设
- 废物管理计划
- 安全计划
- 编制最终退役计划(DP)假设
- 编制环境报告(ER)假设
- 编制许可所需的完整清单文件
- 向监管机构提交退役计划、环境报告和其他文件的时间安排
- 更新费用估算和时间表的时间安排与准备
- 初步场址源项调查计划假设

2. 非标准情况计划

- 评估事件/事故的影响
- 评估对场址和环境安全的影响
- 确保场址和环境安全的工程与计划假设
- 修复的工程和计划假设
- 拆除的工程和计划假设
- 废物管理的工程和计划假设

3. 过渡计划

- 确定要保留的关键员工

- 关键员工的保留计划
- 多余员工的遣散计划
- 系统关闭/改造的详细计划
- 退役操作承包商(DOC)的采办
- 退役操作承包商的动员：何时、估算的费用

4. 详细的工程和计划

- 工作假设的时间安排和顺序的详细排序
- 编制活动规范(工作计划)——公共事务或退役操作承包商工作
- 编制详细程序——退役操作承包商工作
- 修改现有的操作技术规范——公共事务
- 修改质量保证程序及质量保证流程——公共事务

5. 场址源项调查

- 编制场址源项调查计划——公共事务
- 实施场址源项调查——公共事务或专门承包商工程

6. 现场准备

- 确定冗余系统的排空、上锁、挂牌
- 确定长周期、专用设备的采购
- 确定可重复使用设备的销售项目
- 确定对退役场址安全规定的修改

7. 项目管理

- 确定公共事务工作人员的职能职位
- 编写项目管理手册——公共事务
- 确定项目费用和进度方案——公共事务或退役操作承包商工作
- 公共事务或退役操作承包商工作人员之间的责任分配和协议

B. 停止运行和乏燃料管理

1. 乏燃料和核材料管理

- 乏燃料冷却
- 向燃料贮存水池转移燃料——时间和能力的假设
- 采购干式贮存容器——容器类型和供应商
- 建造一个独立的乏燃料贮存装置
- 确定安装乏燃料贮存的安全措施
- 破损乏燃料的管理
- 燃料循环设施中核材料的管理

2. 系统和基础设施

- 退役主要系统的准备
- 辅助系统按顺序改造/关闭
- 退役基础设施的准备

3. 运行流出物/废物/物料管理

- 运行废物的清除/处理

- 多余设备和材料的清除

4. 过渡期资金

- 假设由退役基金支付的活动

- 假设由其他基金支付的活动

C. 安全封闭及其运行

1. 安全封闭

- 控制区的准备/改造

- 为安全封闭的系统和构筑物做好准备

- 场地改造

2. 安全封闭的运行

- 保养与维护

- 监督与安全

- 检查

- 资本维持

D. 去污和拆除

1. 去污和拆除设备的采购

- 标准去污和拆除设备的采购

- 事故后情景和其他非标准情景下设备的采购

2. 系统去污

- 一回路去污

- 对反应堆设施和非反应堆设施中大型开放系统的去污

- 其余开放系统的排水

- 系统和构筑物中石棉/危险材料的清除/治理

- 在燃料循环设施内淤泥清除及去污

3. 反应堆容器和内部构件,非核设施的主要系统

- 反应堆内构件分割尺寸和处置方法假设

- 反应堆容器整体移除与分段移除假设

- 研究堆的拆除方法

- 运输和处置方法假设

- 非反应堆设施主要处理系统的拆除方法

- 生物屏蔽体的拆除方法

- 事故后系统中的拆除方法

4. 蒸汽发生器和增压器

- 整体移除与分段移除假设

- 构件内部灌浆假设

- 运输和处置方法假设

5. 压水堆冷却剂泵和沸水堆再循环泵

- 整体移除与分段移除
- 运输和处置方法

6. 涡轮发电机

- 涡轮发电机出售或废弃假设
- 运输和处置方法假设

E. 许可终态活动

1. 建筑和结构去污

- 机械去污和全部清除假设
- 散装物料转移或容器包装后转移假设
- 清除受污染土壤假设
- 地下水修复假设

2. 场址开放标准

- 监管机构和利益相关方确定的法律标准假设
- 非开放物质的处置假设

3. 最终场址终态检测

- 假设由公共事务工作人员或外部承包商负责

4. 场址重新开放

- 假设场址有限制开放
- 假设有限制开放期间场址仍在运行
- 假设终止场址的有限制开放

F. 控制区外的拆解和拆除

1. 电厂辅机设备

- 设备销售或报废的假设
- 运输和处置方法的假设

2. 建筑物拆除

- 假设由退役操作承包商实施或外部拆解承包商完成
- 物料处置方式:物料做散装转运,或现场用作填料
- 假设拆除至地面或地面以下

3. 基础设施拆除

- 假设更换设施有可能重新使用
- 假设完全拆除至地面以下

4. 场址修复

- 假设修复成绿地或棕地
- 地下结构(地基)的处置

G. 废物管理

1. 运行废物/历史废物/遗留废物

- 运行废物/历史废物/遗留废物的管理
- 运行废物/历史废物/遗留废物的估算成本

2. 废物管理系统

- 假设的所有类别/类型废物清单
- 假设利用整体废物管理系统
- 假设利用自身的废物管理系统
- 假设利用共享废物管理系统和服务
- 要建立自身的废物管理系统的估算成本
- 共享废物管理系统和服务的估算成本
- 假设要延期废物管理

3. 整备和包装

- 对容器和桶类型的假设
- 对处置容器进行灌浆或不灌浆的假设
- 包装的估算成本

4. 运输

- 假设可采用卡车、火车或驳船来运输各类废物
- 每种运输方式的估算成本

5. 处置

- 最终处置、场内贮存或场外贮存
- 处置或贮存的估算成本

6. 废物处理

- 使用现场或场外预处理器的假设
- 对待处理材料的数量和类型的假设

7. 材料解控

- 假设材料无条件解控
- 假设物料有条件解控

8. 再循环

- 关于清洁物料再循环的假设
- 假设的再循环物料的价值

9. 废料/回收利用材料

- 假设的废料/回收利用材料的类型和数量
- 假设的废料/回收利用材料的价值

H. 就地掩埋案例

最终就地掩埋状态的准备

- 系统和构筑物中最终就地掩埋状态的假设
- 最终就地掩埋状态的核实方法

I. 退役项目的研发

1. 研发

- 假设的源项调查、去污和拆除的研发
- 假设的废物管理的研发

- 假设的为确保安全,对意外事件的研发
- 研发活动的估算成本

2. 模拟和培训

- 假设的计算机模拟、可视化和虚拟现实
- 假设的专业培训
- 模拟和培训服务的估算成本

J. 退役项目的管理计划

管理计划

- 由业主来管理和支持
- 由承包商来管理和支持
- 多级承包商计划的管理及支持
- 假设的承包商费用数据

K. 与退役有关的其他费用

其他费用

- 与过渡期有关的其他费用的假设
- 与外部付款有关的其他费用的假设
- 税收、保险和收益的假设
- 资产假设

附录 C　质量保证和不可预见费

C.1　数据的质量保证和可追溯性

C.1.1　成本估算质量保证系统的指导

退役成本估算的出发点是退役现有的或计划的基础设施,计算方案应涵盖所有相关的情况(如立即拆除或延缓拆除的退役策略,以及相关的废物处理方案),然后根据退役源项数据库和相关计算方案所预计的退役活动范围来制定可选方案。成本估算的主要数据来源是设施清单数据和具体的计算数据,见下文。

设施源项数据库的总体结构应与成本计算方法相对应。在任何一个退役项目中,去污及拆除工作都是以重复的方式来进行的,例如,按房间或系统一个接一个地进行。为能够实施这一办法,如评估各建筑物的费用,并且能够确定所有相关的退役活动,设施源项数据库应具有图 C-1 所示的基本结构。

设施源项数据库通常包括下述数据。

1. 识别数据

为实施适于房间或适于系统的拆除办法,需要相关的识别数据。将数据配送给技术系统,有助于确定个别清单项目的辐射参数。除了建立设施源项数据库与国际退役成本估算结构之间的联系外,数据项还可以分配给以下项目。

(1)构筑物(建筑物、楼层、房间)。

(2)系统(如一回路系统)。

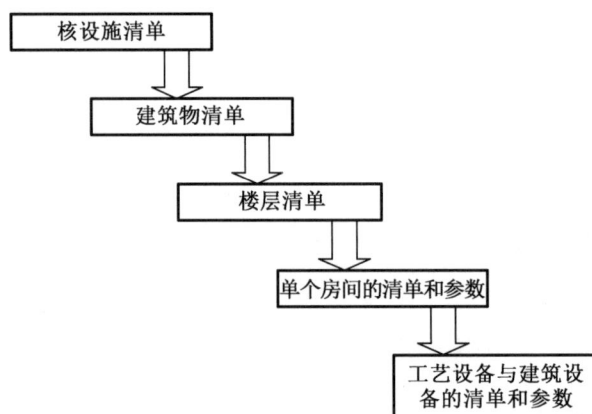

图 C-1　设施源项数据库的总体结构

2. 物理数据

作为输入变量的物理数据,有质量、表面积、体积等。物理数据可以通过审查技术文件(项目和运行文件)、历史数据(运行记录)、现场检查或根据运行人员的经验来获得。

3. 放射性数据

放射性数据包括内表面和外表面的污染程度、反应堆部件和生物屏蔽的活化/比活度、基础设施的污染/活化深度,以及放射性核素的有关成分。

4. 退役数据

退役数据是指各房间内设备的退役类别,可用于计算退役参数。分类需要编制一份清单,列出有代表性的设备、建筑物表面、构筑物项目,并附有单位因子用作计算退役参数。然后可将每一类别用于具有类似特性的一组设备,从而减少退役成本计算所需的单位因子和其他参数的数量。

在成本模型中,各项退役活动均以数学计算程序来表示,除了设施清单数据外,这些数学计算程序还需要一套具有广泛参数的通用计算数据。这些参数描述了退役活动的特征,如不同退役技术的产量/容量、所用各种介质及物料的消耗率、工作小组的组成(工人人数及其专业)、成本参数(工人工资、消耗介质和材料的成本单位因子)。

含有上述数据的数据库还包括单位因子与其他以具体参数和常数形式体现的计算数据,这是成本估算输入数据的第二个主要来源。这些数据包括退役项目的特定输入数据,常用作整个工程项目的通用数据,这说明了在退役过程中所进行的活动。根据数据的特性,单位因子数据库可分为以下主要类别。

(1)一般计算数据——物料及介质(如水、蒸汽、煤气)成本单位因子、个别人员特定数据及其他与特定退役活动无关的整体数据。

(2)退役活动的特定计算数据——技术及处理参数(人力、成本、介质消耗单位因子)、工作组数据。

（3）工作难度因素。

（4）废物数据。

（5）个别计算项目的局部特定输入数据。

以数据表的形式对应每项特定技术，便于组织个别退役（及废物管理）技术的数据。

C.1.2　数据追溯系统的开发和维护

1. 数据来源

退役成本估算的准确程度在很大程度上取决于输入数据的质量，输入数据可分为以下两组。

（1）源项数据库。

（2）单位因子和系数数据库。

第一组数据库可以通过设计文件、现场测量和工作人员的运行知识建立。第二组数据库可以根据过去相类似的项目经验、核领域调整的工业规范或非核项目、科学文献以及运行记录来建立。

2. 定期更新、记录保存、数据保护

核电站退役时，必须保存核设施退役的所有相关资料。这一要求同样适用于小型核设施（研究堆、医疗设备或核装置）。核设施关闭之后，容易获得的信息数量有减少的趋势，例如，运行人员可能转到其他设施，而他们拥有原设施的详细知识会遗忘。在某些情况下，在运行期间保存的记录（设计文件、操作规范及记录、工作会议记录及手册）也可能会遗失。

为避免上述问题，建立一个收集和整理相关信息的系统，以及一个存储和检索这些信息的系统是一个良好的做法。这种系统通常称为记录收集和管理系统（record collection and management systems，RCMS）。

退役所需的主要数据可分为以下 3 个基本领域。

（1）核设施建造和改造数据。

（2）核设施运行数据。

（3）核设施关闭和关闭后状况数据。

有关设施建造及改造的资料一般是在设计、建造及运行阶段（维修、改造及改装）记录的。这些数据可能包括以下内容。

（1）已建造核设施的场地特性、环境的地质和放射性特性的数据。

（2）有关设施、建筑和工艺设备的复杂的设计文件，包括必要的材料和建筑计算。

（3）有关设施各个部分的详细照片文件。

（4）所用结构材料的数量及类型的记录。

（5）从结构材料的角度对工艺装置进行描述。

（6）质量证书。

（7）设施紧急情况的安全分析。

（8）核设施对环境影响的描述。

（9）开始运行前的装置测试文件。

（10）获得运行许可的相关过程文件。

（11）设施的初步退役计划。

有关设施运行的数据是在运行阶段获得的,包括以下内容。

（1）获得运行和维护许可的要求。

（2）安全分析。

（3）操作规程和手册。

（4）设施及其周围环境的辐射情况数据。

（5）运行和维修记录。

（6）设施和个别工艺单元的非标准状况记录。

（7）可能的去污计划及其去污性能草案。

（8）技术规范和限制。

（9）对核设施建筑物和工艺部分所进行的变更及干扰的文件。

（10）设施内危险材料清单。

（11）与周围核设施或非核设施的联系和影响。

（12）检查、控制及评价的记录。

（13）放射性废物管理的记录。

（14）在核设施运行期间和关闭后有关核设施与个别工艺设备终止运行的记录。

（15）质量体系的记录。

（16）运行期间中子通量及其分布的信息。

（17）设施周围的辐射源及其所处位置的信息。

（18）关于事故和泄漏的文件。

（19）关于结构材料辐照的记录。

（20）影响退役过程的实验室试验结果。

一般而言,每个退役项目都有大量数据做支撑,这些数据可以方便地分为多个类别。一个集成信息系统可以把不同数据类别互相连接起来,RCMS集成信息系统示意图如图C-2所示。

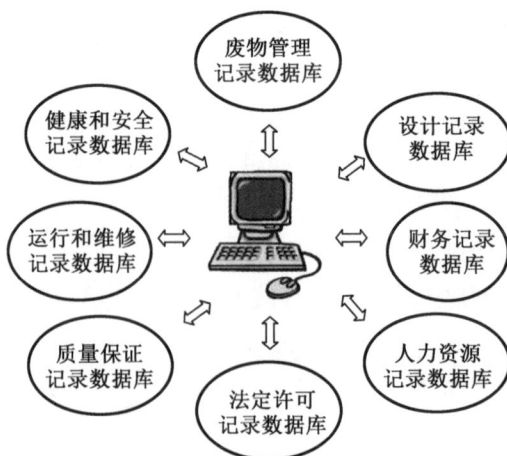

图 C-2　RCMS 集成信息系统示意图

RCMS 是一个收集、分类、保存及分发数据记录的系统,为符合项目的质量体系须按照指定程序进行安装。RCMS 的一个主要目标就是提供相关的记录,以支持退役计划并验证数据来源的适用性。它还包括在有组织的控制期间(如果有必要,也可延续到这段时间之后)贮存所需的必要信息。

为满足上述要求,系统须提供以下内容。

(1)识别记录及核实资料来源。

(2)传输、交付及接收记录。

(3)储存记录的索引。

(4)分类记录的储存。

(5)查核个别档案管理。

(6)查核记录变更的历史。

(7)定期在不同储存介质间传输数据。

(8)国家档案要求及国际档案要求。

目前记录可以使用不同介质来储存和保护。

(1)打印的纸质形式。

优点:通常是原始记录,易于创建副本,并且易于识别所做的更改。

缺点:储存需要较大的空间,并且记录易丢失。

(2)缩微胶卷。

优点:易于储存,易于创建副本,并且易于识别所做的更改。

缺点:若储存大量的信息需要大量的缩微胶卷,易于丢失,且难以制作纸质副本。

(3)磁带及磁碟。

优点:储存简单而紧凑,记录的数据不受复制影响,而且容易更新。

缺点:在受到物理损伤或磁性损伤时可能会被损坏;须对纸质材料进行扫描才能以这种形式储存;由于技术进步,有必要定期更新硬件和软件。

(4)光盘及 DVD。

优点:储存简单而紧凑,记录的数据不受复制影响,可以迅速取得数据。

缺点:须对纸质材料进行扫描才能以这种形式储存;由于技术进步,有必要定期更新硬件和软件。

信息收集、分类、储存和管理系统对处理器配置的要求很高,反映了其在退役过程中的重要性。

系统应定期更新,每个数据记录(硬拷贝或电子版本)应包含必要的定期更新的资料。

3. 退役的数据反馈

退役成本控制的一个重要方面是在项目具体输入数据更新后要考虑对成本估算进行更新。定期更新退役数据是国际原子能机构关于成本控制的建议之一(参见第 1476 号技术报告"退役的财政各要素"[3])。更新退役成本计算所用输入数据的有效方法是利用正在实施的退役项目期间收集和评价的数据来进行数据反馈。数据反馈是任何退役成本计算模型的一般要求,而成本计算模型通常使用它们自己的特定结构,数据反馈跟踪的系统和方法应与这些具体结构相对应。

正如在第4章中所讨论的,成本模型可以直接基于国际退役成本估算结构或者基于用作项目管理的工作分解结构。在后一种情况下,估算的成本需要转换为国际退役成本估算结构。前一种方法的优点之一是有助于制定一种系统的方法来收集、分析和更新具有代表性的成本计算输入数据,这些数据可用于以后类似设施退役项目的成本计算,也可用于正在进行的退役项目的成本计算,以提高该项目剩余阶段计划数据的质量。定期更新成本在退役成本计算中是必不可少的。

退役计算所需的数据类别包括以下内容。

(1)根据退役计划所进行的退役活动清单。

(2)设施清单数据——系统、结构、放射性数据、其他数据。

(3)用于成本、人力、照射量和其他数据计算的单位因子、增长因子(increase factors),以及其他计算数据。应当针对所有类型的退役活动以及项目所涉及的各种类型的清单和工作限制来建立这些数据,这些数据是成本计算中的数据反馈对象。

退役成本计算的数据反馈是基于从退役过程中收集有代表性的数据,将这些数据与项目的计算数据进行比较,分析计算数据与实测数据之间的差异。其目的是找出差异及引起差异的原因,然后再修改具体的输入数据以用于计算成本和其他参数。基于国际退役成本估算结构的成本计算数据反馈要求根据国际退役成本估算结构对收集的数据进行管理。由于退役活动的范围很大,因此在数据反馈系统中引入了分级。在国际退役成本估算结构成本计算方法中考虑了以下两个不同层级的数据收集。

(1)收集和比较选定的通用数据(图C-3)。

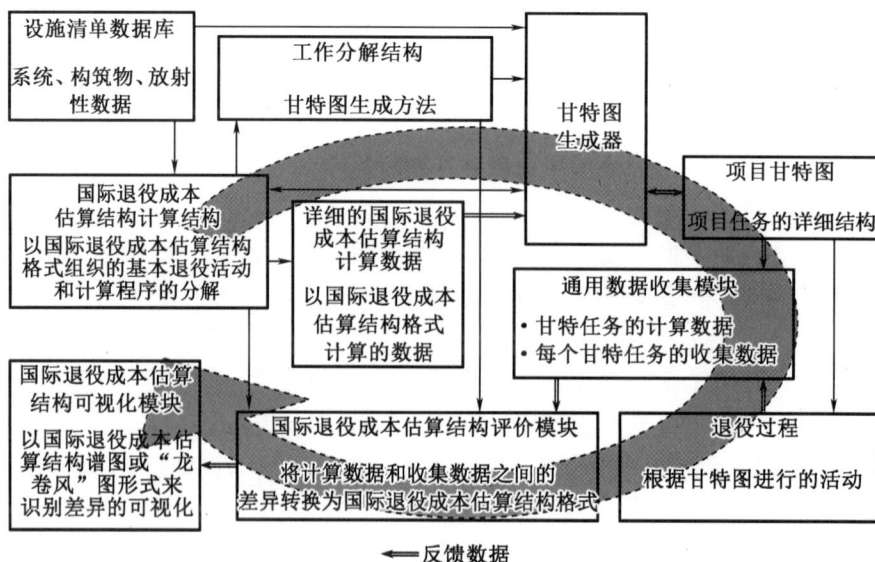

图C-3 收集和比较选定的通用数据

①在甘特图的任务层级上收集和比较数据。

②结果根据国际退役成本估算结构格式化。

③这一层级的数据反馈可以显示计算数据和实测数据之间的差异。

此种方法的目的是就整个退役项目的计算数据与实测数据之间的差异建立一个全面

概览,根据甘特图的任务对数据进行收集和分析,所得数据应可供与其他项目做比较,并转换成国际退役成本估算结构作为退役成本计算的一般平台。此外,也可在国际退役成本估算结构谱图上看到差异,利用"龙卷风"图在3个层级上来区分不同的程度。国际退役成本估算结构谱图是个别国际退役成本估算结构活动组/典型活动值的图形/直方图。

（2）分析为代表性活动收集的详细数据（图C-4）。

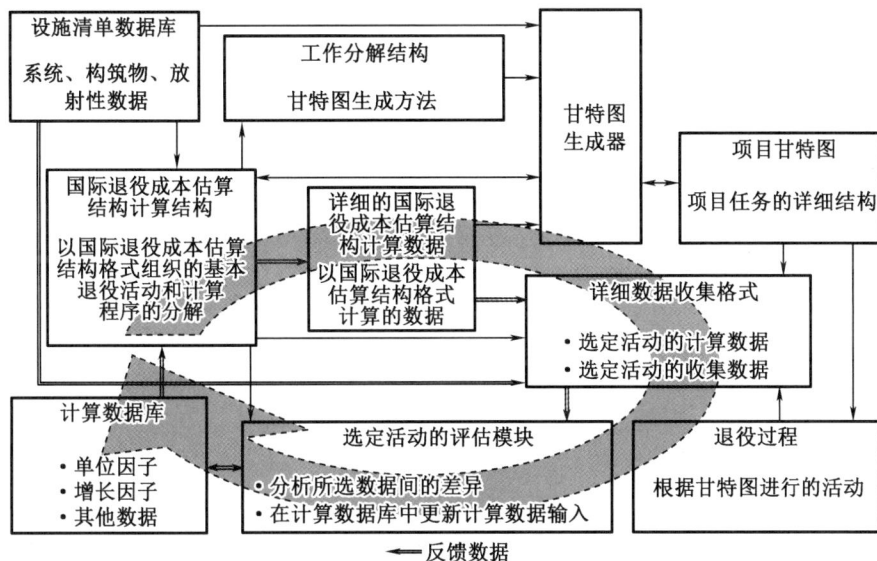

图 C-4　分析为代表性活动收集的详细数据

①数据反馈涵盖与项目有关的特定类型的退役活动。
②收集并分析选定的代表性数据。
③数据用于更新个别工艺的具体计算数据。

此种方法有助于为项目中具有代表性的、与清单有关的退役活动积累数据。为这些活动收集数据是所计划的项目工作的一项额外任务,结果用于更新具体数据,如单位因子、工作难度因子和其他用于计算个别工艺参数的数据。

C.2　退役成本估算中预留不可预见费

C.2.1　不可预见费的定义

不可预见费可以定义为"在确定的项目范围内用于成本不可预见要素的专项准备金"[2,11]。由于成本一般首先根据标准条件和活动的平均效率来计算,因此不可预见因素确保了这种估算是切合实际的。应当指出,不可预见费不包括在核设施剩余的使用寿期内退役成本的价格上涨和通货膨胀。

不可预见费还包括不确定因素的余量,应与设计水平、技术进步程度以及给定部件的质量/可靠性定价水平相关。不可预见费不包括任何因外在因素而可能发生的变化,如政府法规的改变、重大设计变更或工程范围变更、灾难性事件（不可抗力）、工人罢工、极端天气状况（如洪水、极端霜冻）、场地条件的变化,或项目资金（财务）限制。

C.2.2　不可预见费计算方法

由于退役计划可能提前几十年开始,计算的成本条目会显著受到不确定性的影响。成本的不确定性取决于一系列输入数据,如物理参数、放射性参数、退役过程参数和经济参数,这些不确定性通常是由专家来判断或通过与类似的退役项目比较来估计的。一般而言,影响退役费用不准确的来源可分为以下类别。

(1)输入参数的不确定性——不确定性与特定的输入计算参数有关。

(2)与退役活动范围有关的不确定性——假定的退役活动范围可能过于有限,特别是对于高污染或活化的系统以及结构复杂的设备,如反应堆及其内部部件或辅助系统。在此种情况下,必须重复进行或在比原计划更大程度上进行一些退役活动。

(3)进行退役成本评价所用文件的性质——一般而言,计算得到的初步成本估算是作为概念退役计划的退役文件,该计算是基于一个简单的源项数据库和其他输入参数,因此需要相当大的不可预见费。而用于支持实施退役计划的文件是基于详细的源项数据库和成本计算的其他输入参数,因为假定退役计算费用的准确性较高,所以这种情况下所需的不可预见费的值可能较低。

估算不可预见费的另一种办法是基于分析评价输入数据的不确定性对成本和其他输出参数(照射量、人工、放射性废物数量等)的影响。估算不可预见费的方法应用于第三级(典型活动)的国际退役成本估算结构条目,在第一级和第二级的不可预见费代表在第三级不可预见费的总和。

所提出的方法基于在详细结构中进行计算期间可以获得计算成本的事实。成本记录在输出数据表中。该方法的基础是对每一个退役活动都应用不可预见费,不可预见费条目的数值是基于对特定成本(劳动力成本、投资成本和消耗成本)应用一套修正系数。这一程序导致为每个成本条目确定准备金余额。

C.2.3　实施不可预见费

为消除输入参数不确定性的影响,可采用以下几种方法来考虑不可预见费。

(1)对整个退役项目运用不可预见费。

(2)对一批退役活动运用不可预见费。

(3)对个别退役活动运用不可预见费。

1. 对整个退役项目运用不可预见费

最简单的方法是对整个退役项目采用单一的不可预见费预留方式。不可预见费占退役总费用的一定百分比[2],由专家来判断或通过其他方法估算。该方法是基于估算人员的实际经验,因此可能包含重大的不确定性。该方法被广泛使用的另一个原因是缺乏对不可预见费估算的分析方法。对于退役项目开始时所做的详细成本估算,典型的不可预见费可能介于-5%~15%,对于初步成本估算,则介于-15%~30%[2]。

2. 对一批退役活动运用不可预见费

为消除输入参数不确定性的影响,另一种方法是将不可预见费应用于特定的一批活动。这种方法所反映的事实是在退役过程中可以为不同类别的活动确定输入数据的不确定性,这些不确定性也可能有不同程度的影响。

按照这种方法,个别活动的不可预见费可能为 10%~75%,取决于成本估算人员所判断的难度的适当程度[2,11]。不可预见费还取决于清单和场址特征/绘图的准确性(与退役状况相联系)。

3. 对个别退役活动运用不可预见费

为消除输入参数不确定性的影响问题,最细致的方法是根据国际退役成本估算结构计算退役成本时,直接对每一项退役活动运用不可预见费。对于每一项活动,不可预见费可分为 3 类:劳动力成本、投资成本和消耗成本。这种方法可确保考虑到个体情况及特定的退役活动的特性。此方法应用在基于分析程序的不可预见费估算方法中。

附录 D　成本条目的标准化定义

01　退役前活动

主要活动 01 包括在准备申请退役许可或申请同等监管批准许可期间开展的活动。可将其分为 6 个活动组:

- 退役计划。
- 设施源项调查。
- 安全、安保和环境研究。
- 废物管理计划。
- 授权。
- 管理小组筹备和承包。

01.0100 退役计划

01.0101 策略计划

- 退役方案的评估和审批:
—考虑并评估现有的内部/外部设施。
—考虑拟定备选方案中存在的加速或延期所固有的风险。
—考虑成本、时间和人员能力。
—考虑可用资金。
- 评估和批准设施再利用。
- 考虑在整个退役过程中隔离、保护以及维护此类设施的成本。

01.0102 初步计划

- 编制初步退役计划。
- 收集设施文档。
—待拆除的放射性和非放射性设备清单。
—评估预期放射性状态。
- 提出退役策略和方案建议,包括:
—拆除活动清单。
—放射性和非放射性废物产生与废物运输路线的清单。

- 对将要开展的退役工作进行初步估算,包括:

—人员需求估算。

—职业照射量估算。

—活动安排。

—退役成本的初步估算。

01.0103 最终计划

- 编制最终退役计划。

- 审查最终退役方案,包括:

—拆除活动的详细清单。

—产生的放射性和非放射性废物的详细清单。

—对资金需求的考虑。

—对拟定备选方案中存在的加速或延期所固有的风险的考虑

- 对将要开展的退役工作进行的详细估算,包括:

—人员需求。

—设备、工具、废物管理设施需求。

—职业照射剂量。

—活动计划。

—退役操作最终成本估算。

- 编制人员设置过渡计划:

—人员调动。

—重新分配/培训。

—关键员工挽留/激励计划等。

01.0200 设施源项调查

01.0201 设施详细源项调查

- 现有文档集中管理。

- 通过以下方式确定待退役的设施以及周围环境中的放射性核素总量:

—放射性核素建模。

—直接测量。

—取样。

—放射化学分析。

- 通过以下方式进行去污的表征:

—基材识别。

—工艺流体化学。

—腐蚀膜分析。

—残余物等。

- 待拆除的放射性和非放射性设备详情汇编清单。

- 通过详细的剂量和剂量率测量、污染测量、取样、放射性计算等记录当前的放射性情况。

01.0202 有害物质的调查和分析

● 对建筑物的放射性区域和非放射性区域进行化学、爆炸、易燃材料的调查与分析。

01.0203 建立设施源项数据库

● 获取数据库,输入数据。

01.0300 安全、安保和环境研究

01.0301 退役安全分析

● 安全分析,包括:

—设施关闭。

—退役活动。

—终态。

—安全封闭(如相关)。

—常规危害。

01.0302 环境影响评价

● 编制环境影响评价报告。

01.0303 现场作业的安全、安保和应急计划

● 应急预案。

● 评估实物保护需求,包括重新设置围栏。

01.0400 废物管理计划

01.0401 制定废物管理标准

● 去污。

● 处置。

● 清洁解控/排放。

● 再循环。

01.0402 制订废物管理计划

● 识别废物管理系统。

● 确定排放标准对去污和拆除方法的影响。

● 建立包装和容器的概念(包括整备)。

01.0500 授权

01.0501 许可申请和许可审批

● 监管评价/合规及许可。

● 编制并修订技术和操作规范,以便在设施关闭时获得有效的监管和财政补贴,如批准减少或取消:

—运行费。

—保险费。

—测试和维护要求。

—员工职位。

—培训计划。

—安全规定。

—安全系统重新配置。

—非关键系统处置等。

- 许可证申请、许可证文件编制、环境兼容性评价。
- 由主管部门任命的专家顾问对申请者提交的文件进行评估。
- 与法律部门探讨。
- 主管部门办理许可证时产生的费用。
- 运行和维护程序。

01.0502 利益相关方的参与

- 公共信息。
- 公众调查。
- 公众咨询。
- 公开听证会。
- 邻国。
- 考虑利益相关方参与的结果。

01.0600 管理小组筹备和承包

01.0601 管理团队活动

- 管理方案,包括:

—从许可证持有单位所进行的项目管理到主承包商的雇用方面的方法评估。

—可用资源和方案的考虑。

01.0602 承包活动

- 确定有意参与退役作业投标的公司。
- 起草投标技术规格书。
- 通过审查以下各项条件,对有意投标的公司进行资格认定:

—质量体系。

—技术能力。

- 对候选主承包商标书进行技术和财务分析。
- 审查分包商的能力以及接受多家分包商。
- 最终选定主承包商并签署合同。

02　设施停堆活动

主要活动 02 包括与设施停堆操作相关的所有活动,即以下 5 个活动组:

- 核电站停堆和检查。
- 系统排水和干燥。
- 封闭系统去污减少辐照量。
- 作为详细计划依据的放射性源项调查。
- 清除系统流体、运行废物和冗余材料。

02.0100 核电站停堆和检查

02.0101 终止运行、稳定核电站、切断和检查

● 常规操作包括：

—停堆。

—确保核安全的保持和监督措施。

02.0102 卸载燃料并将燃料转移至乏燃料贮存设施

● 完全卸载乏燃料。

● 在反应堆正常运行期间使用现有设备将乏燃料转移至乏燃料池。

● 管理未用燃料。

02.0103 乏燃料冷却

● 所需系统的运行和维护(如水清洗系统、散热、通风系统)。

02.0104 燃料、裂变材料和其他核材料的管理

● 回收核材料以平衡核材料库存,包括安保条款。

● 采用设施正常运行程序,前提是运行成本在回收材料的数量方面具有经济优势。

● 采用特定程序或技术,可能添加特殊试剂。

● 完成上述操作后,可进入去污阶段,如第 02.0300 项所示。

02.0105 电力设备的切断

● 发电设备的切断。

● 断开发电设备与电网的连接。

02.0106 设施再利用

● 待重复利用的系统和设施的识别、隔离与保护。

● 因再利用"价值"或未来场地使用而被排除在退役范围之外的系统,例如:

—现场一般公用服务系统。

—道路和公用网络基础设施。

—各项设施等。

02.0200 系统排水和干燥

02.0201 停止运行的封闭系统排水和干燥

● 停止运行的系统排水和干燥(不包括主要活动 05 中提及的液体和废物处理的程序)。

02.0202 停止运行的乏燃料池和其他开放式系统排水

● 含有受污染液体的开放式燃料池排水。

● 设计、建造和设置附加净化设备,以便于排放液体。

● 排水时进行放射性监测分析。

● 根据燃料池的表面特征(如涂层、涂漆或钢衬)以及燃料池的最终布置,对表面进行去污。

02.0203 清除开放式系统中的污泥和产物

● 清除池、坑或罐底部的污泥。

● 清除池或坑中发现的剩余乏燃料、残留物和特殊物体。

- 核材料盘存回收。
- 清除后进行表面去污。

02.0204 特殊工艺流体的排放

- 特殊工艺流体的排放(如钠、重水)。

02.0300 封闭系统去污减少辐照量

02.0301 按运行程序进行工艺装置去污

- 设施现有系统的正常去污。
- 对工艺装置进行去污,以降低照射量率,使用较正常运行过程中使用的试剂更具侵蚀性的试剂,确保用过的流出物的各项特征符合现场操作技术规范,包括:

—技术流程研究。

—设备建造或交付。

—系统的使用。

—系统的后续退役。

02.0302 按附加程序进行工艺装置去污

- 以特定工艺进行硬去污。
- 使用特殊技术对工艺装置进行去污,以降低照射量率,包括:

—技术流程研究。

—设备建造或交付。

—系统的使用。

—系统的后续退役。

02.0400 作为详细计划依据的放射性源项调查

02.0401 放射性源项调查

- 进行无损和破坏性取样,以进行设备和设施表面放射性表征。
- 现场样本测量。
- 根据反应堆运行参数(通量曲线、运行时间等),使用设计代码进行建模。

02.0402 地下水监测

- 土壤取样和表征,以绘制地下污染迁移图,导致污染迁移的原因包括:

—导致污染扩散风险的运行事件。

—运行期间向环境中的受控释放。

- 利用为核电站建设而在选址过程中记录的水文地质资料。

02.0500 清除系统流体、运行废物和冗余材料

02.0501 清除易燃材料

- 通过减少火灾隐患和单个舱室的火灾荷载,以及清除以下多余的易燃材料,提高停堆装置的核安全性:

—溶剂。

—液压油。

—电缆。

—电气柜等。

02.0502 清除系统流体(水、油等)

● 清除工艺流体(酒精、油等):

—清除系统中的工艺液体。

—将工艺液体转移至现场或场外的液态流出物处理站。

—不包括废物处理活动。

02.0503 清除特殊系统流体

● 清除特殊系统流体(如钠、重水)。

02.0504 清除去污产生的废物

● 清除系统去污过程中产生的放射性废物,减少辐照量:

—清除去污活动中产生的放射性废物。

—将放射性废物转移至现场或场外的特定处理站。

—不包括废物处理活动。

02.0505 清除废树脂

● 清空废树脂罐。

● 清空净化站的树脂。

● 等待后续退役的净化站的隔离:

—不包括废物处理活动。

02.0506 清除燃料循环设施中的特殊运行废物

● 将特殊工艺液体转移至现场或场外的特定处理站(不包括主要活动 05 提及的液体和废物的处理)。

● 清除去污产生的高放废物。

02.0507 清除设施运行产生的其他废物

● 清除设施内的其他运行废物:

—不包括废物处理活动。

02.0508 清除冗余设备和材料

● 清除和/或转移过渡期间冗余的设备和过剩备件。

03 安全封闭或就地掩埋的补充活动

主要活动 03 包括与进行安全封闭或就地掩埋准备相关的所有活动。该部分活动分为 3 个活动组:

● 安全封闭的准备工作。

● 现场边界重新配置、切断和保护构筑物。

● 设施就地掩埋。

03.0100 安全封闭的准备工作

03.0101 对选定部件和区域进行去污,以便于进行安全封闭

● 对所有处于停用状态的建筑物中各区域和设备进行去污,特别是需要定期维护、保养和/或监控的区域和设备,例如:

—释放点。

—加热、通风、空调风机/过滤室。

—取样点。

—废物贮存区域。

—空气中放射性核素浓度历史高位的区域。

—根据记录存在地下水的区域。

• 次要区域和外围结构的去污与释放：

—在停用期间需要更多的维护和/或监控。

—在停用期间的通行受到限制。

• 对各舱室、区域和设备进行去污，以解禁后续退役操作中不再使用的(一般辅助)建筑物。

• 对所有建筑物的各舱室、区域和设备进行重组、清洁与去污，以减少受控区域。

• 去污可能包括：

—化学处理。

—高压冲洗。

—清除和/或屏蔽辐射热点。

—系统修改等。

03.0102 长期贮存分区

• 停用期控制区布局。

• 将需要服务和维护的受控区域最小化。

• 优化区外部区域和设施的退役。

• 最低配置的重新设计、搬迁或重建，包括：

—受保护区域的重新定义。

—修改或重建安保。

—监控和监测设备。

—整合现场设施。

• 非必要系统的断电和隔离。

• 换下运行期间使用的设备和系统,使用更高效或简易化的公共服务系统,例如：

—通风。

—照明。

—访问控制等。

03.0103 清除不适于安全封闭的库存

• 清除/处置满足以下条件的库存：

—由于其结构、设计完整性或目前状态,不适合长期贮存。

—延迟处置会增加对工作人员安全的担忧,使清除程序复杂化和/或显著增加处置成本。

• 清除危险有毒材料,此类材料的包容和/或封装可能会随着时间的推移而退化或失效,从而增加健康和安全风险以及后续的清理成本。

- 清除满足以下条件的外部设备库存:
—不易重新安置到贮存边界/受控环境的外部设备。
—出于方便或对未来修复标准的考虑,最好立即处置的外部设备。

03.0104 拆除受污染的设备和材料,并转移至封隔结构中长期贮存

- 重新安置适合长期贮存的设备和材料,包括此类材料的准备和/或包装,以实现环境隔离。
  - 为便于取出和/或拆除部件,选择性的结构拆除。
  - 活性金属部件的分割。
  - 清除混凝土。
  - 分割受污染管道、贮罐和部件。
  - 修改包容性以适应包装条件,包括:
—结构加固,增加地面负荷。
—增加可获取性,以方便未来取出。

03.0105 为进行安全封闭的放射性源项调查

- 装置中的放射性测量。
- 进行无损和破坏性取样,以进行设备和设施表面放射性表征。
- 现场样本测量。

03.0200 现场边界重新配置、切断和保护结构

03.0201 修改辅助系统

- 重组进行安全封闭需要的辅助公共服务系统和关键设施,包括:
—电气设备。
—通风系统。
—消防设备。
—起重装置。
- 做出修改,加入具备以下功能的工艺和电气系统:
—远程操作和监控(报警)。
—火灾探测。
—减少维护。

03.0202 现场边界重新配置

- 物理边界重新配置,以满足安全封闭的安保要求。
- 修改/重新配置现有通道(人员和设备),加入安全措施(物理和电子屏障)。
- 建造重新配置的常规安全围栏,设置人员和车辆通行点,以便于设施运行和工作协调。
- 安保措施包括:
—屏障建设。
—入侵防御。
—加强传感器的使用。

03.0203 修建临时封闭、贮存点、结构加固等

• 修建临时封闭、贮存点、结构加固等:

—支持场址修复。

—便于设施运行和工作协调。

• 现有建筑物的再利用,无论是否经过预先去污。

03.0204 待修复放射性和危险废物的稳定

• 放射性和危险废物的清除、隔离与稳定所需的设施及设备的设计、建造、运行、监控、后期拆除,其目的地未包含在上述各项中。

• 现有建筑物的再利用,无论是否经过预先去污。

03.0205 设施控制区的加固、安全封闭隔离

• 封锁并保护所有不再需要的控制区入口。

• 保护其余入口,防止非法进入。

• 关闭核电站和封闭设备,隔离控制区和/或现场。

03.0300 设施就地掩埋

03.0301 设施就地掩埋作为退役策略的最终状态

• 准备并密封掩埋设施。

• 掩埋剩余设施,如用混凝土填充。

03.0302 就地掩埋最终状态的机构监管和监控

• 有组织控制的责任转移。

• 在特定时间段内,对已掩埋设施和周围环境进行定期监控。

04　控制区内的拆除活动

主要活动 04 包括与控制区内不同去污和拆除操作相关的所有活动。根据所选定方案,在准备进入停用期或其他"标准"或特定退役阶段的情况下,拆除活动和相关费用条目可适用。该部分活动分为 9 个活动组:

• 去污和拆除设备的采购。

• 拆除准备和支持措施。

• 拆除前去污。

• 特殊材料拆除。

• 主要工艺系统、构筑物和部件的拆除。

• 其他系统和部件的拆除。

• 清除建筑结构中的污染物。

• 清除建筑物外部区域的污染物。

• 为建筑物开放进行的最终放射性调查。

04.0100 去污和拆除设备的采购

活动组 04.0100 涉及的活动包括去污和拆除设备工具的采购和租赁、特定设备及工具的设计和建造、现成设备和工具的改装,以及此类设备和工具的安装、测试和许可。此处不包括运行活动。

其他特殊用途设备或其他特定设备的购买或租赁包含在各自的成本条目中。

04.0101 一般现场拆除设备的采购

• 本项包括拆除设备的购买或租用、安装、测试、许可(然而,运行活动应包含在退役活动中),拆除设备主要包括起重设备,例如:

—高架起重机。

—动臂起重机。

—叉车。

—卡车等。

• 用于单独作业的特殊起重装置,包括安装、测试、许可(注意:运行活动应包含在退役活动中)。

04.0102 人员和工具去污设备的采购

• 额外的人员和/或工具去污设备的购买、维护和后续拆除,包括安装、测试、许可(然而,运行活动应包含在退役活动中)。

04.0103 反应堆系统拆除专用工具的采购

• 一系列材料和不同材料厚度的复杂几何子部件的远程拆解/分解工具的采购/改装。

• 以下设备的采购/改装:

—高度自动化的铰接机械臂和其他定位设备。

—远程分割处理设备。

• 以下设备的采购/改装:

—水下作业远程窥视系统。

—水下作业反馈和控制系统。

—水下作业转台。

—保持水清澈度的支持系统。

—收集切割碎屑的支持系统。

—切割或水溶解过程中易产生爆炸性气体混合物,用于控制或减少此类混合物形成的支持系统。

04.0104 燃料循环设施拆除专用工具的采购

• 一系列材料和不同材料厚度的复杂几何子部件的远程拆解/分解工具的采购/改装。

• 以下设备的采购/改装:

—高度自动化的铰接机械臂和其他定位设备。

—远程分割处理设备。

• 以下设备的采购/改装:

—水下作业远程窥视系统。

—水下作业反馈和控制系统。

—水下作业转台。

—保持水清澈度的支持系统。

—收集切割碎屑的支持系统。

—切割或水溶解过程中易产生爆炸性气体混合物,用于控制或减少此类混合物形成的支持系统。

04.0105 其他部件或构筑物拆除专用工具的采购

●当手动拆除不切实际时,或在市场上可买到的工具不适合、不可靠或不实用的情况下,设计特殊工具,以及对现有拆除工具进行改装、修改和/或优化处理。

●专用工具的采购或对所购买硬件的现场改装,改装时劳动力可能构成相当大的成本。

●租赁专用工具或通过分包服务(还可获得操作专业知识)获得工具,包括混凝土取芯、锯切或其他切割设备、爆破锤等,此类工具应用面窄,如通过购买获得,成本太高。

04.0200 拆除准备和支持措施

04.0201 支持拆除的现有服务、设施和场地的重新配置

●对支持服务和关键设施的重组:

—电气设备。

—通风系统。

—消防设备。

—起重装置。

●做出修改,加入具备以下功能的工艺和电气系统:

—远程操作和监控(报警)。

—火灾探测。

—减少维护。

04.0202 拆除的基础设施和后勤准备

●修建临时封闭、贮存点、结构加固等:

—支持场址修复。

—便于设施运行和工作协调。

●现有建筑的再利用,无论是否经过预先去污。

04.0203 拆除过程中的持续放射性源项调查

●为进行照射控制(合理可行尽量低(ALARA))开展的清除表征,按以下顺序考虑:

—清除。

—临时屏蔽。

—工具选择。

—去污等。

●材料后续处理的初始表征,考虑:

—容器选择。

—放射性核素和立体包装限制。

●待运输材料的表征,考虑:

—事故/安全分析(扩散、暴露)。

—屏蔽。

—文件资料。

—通知。

04.0300 拆除前去污

04.0301 剩余系统排水

- 各系统的排水。
- 清除系统中的残留物。
- 清除受污染流体,如贮存包壳受损燃料的乏燃料池。

04.0302 清除剩余系统中的污泥和产出物

- 清除污泥和产出物(残留物)。
- 可能需要特殊设计的程序和工具,包括远程操作。

04.0303 剩余系统去污

- 可以使用强力去污。

04.0304 建筑物内部区域去污

- 对所有建筑物中即将拆除的区域和设备进行去污。

04.0400 特殊材料拆除

04.0401 隔热层拆除

- 设置包容、通风、监控设备。
- 可能需要使用远程处理设备。

04.0402 石棉拆除

- 利用以下装置设置包容:
—临时屏障。
—掩蔽罩壳。
—手套袋。
- 为以下各项提供必需品:
—改装。
—废物处理。
—人员淋浴等。
- 采购以下材料:
—固定剂。
—打包材料。
—防护服。
—过滤器(区域性和呼吸式)。

04.0403 其他有害物质清除

- 汞、铅、多氯联苯、灯条等。

04.0500 主要工艺系统、构筑物和部件的拆除

04.0501 反应堆内部构件的拆除

- 为待处置废物的拆除、提取和包装进行工作区域的准备。
- 设置容器接管闸或闸门,隔离和包容用于拆解的水池(如在水下进行)。
- 装卸设备和防护系统的安装。

- 控制棒叶片和电机、控制棒导向管、反应堆安全组件(RSA)导向管。
- 蒸汽干燥器。
- 给水喷淋环。
- 堆芯围筒(包括固定装置)。
- 通道式反应堆的燃料通道。
- 拆解的监控。
- 分割工具的操作。
- 维护和更换支持设备(净化和通风过滤器)。
- 接收和准备处置货包,以及装载和处理运输货包。
- 装卸设备和防护系统的拆除。

04.0502 反应堆容器和堆芯部件的拆除

- 反应堆的整体拆除。
- 反应堆压力容器顶盖。
- 反应堆堆芯顶盖。
- 反应堆压力容器(包括支撑裙和隔热层)。
- 石墨结构。
- 拆解的监控。
- 分割工具的操作。
- 维护和更换支持设备(净化和通风过滤器)。
- 接收和准备处置货包,以及装载和处理运输货包。
- 装卸设备和防护系统的拆除。

04.0503 其他主要回路部件的拆除

- 蒸汽发生器、增压器。
- 主泵、阀门和管道。
- 沸水反应堆中的涡轮机和冷凝器。
- 慢化剂罐和回路。

04.0504 燃料循环设施中主要工艺系统的拆除

- 机械热室中的工艺系统。
- 化学热室中的工艺系统。
- 水池、坑和排水沟。

04.0505 其他核设施中主要工艺系统的拆除

- 实验室。
- 加速器。
- 医疗设施等。
- 热室。

04.0506 外部热屏蔽层/生物屏蔽层的拆除

- 拆除生物/热屏蔽或牺牲屏蔽的活化部分,该部分可能仅包括放射性核素水平超过释放标准的构筑物部分,也可能包括无法部分拆除的整个构筑物。

- 使用任何专用工具、屏蔽工作平台和手动或远程操作设备。

04.0600 其他系统和部件的拆除

04.0601 辅助系统的拆除

- 池、通道、热室等中的燃料装卸设备和相关部件,包括:

—起重机。

—桥吊。

—工具。

—转移容器。

—贮存格架。

—输送机。

—翻料机。

—搬运车。

—检查设备。

—摄像机。

—机械臂。

—电锯等。

- 主工艺厂房外的系统拆除。
- 洗衣房,车间。

04.0602 剩余部件的拆除

- 清除以下设施中超过释放水平的受污染材料(包括结构材料):

—封隔结构。

—所有其他设施。

- 受污染部件的拆除,此类部件仅在拆除程序接近尾声时(即所有其他部件均已拆除时)进行,包括:

—电缆。

—起重装置。

—废液处理系统。

—整备和去污区域的装置。

—通风系统。

—气体净化系统。

- 拆除未受污染的辅助设备,以便支持最终释放测量,从而证明污染物已清除,包括:

—某些容器、热交换器、泵、管道、配件等设备。

—结构附属设备。

—内衬。

—管道系统。

—贯穿件。

—嵌入式部件。

—地下结构等。

04.0700 清除建筑结构中的污染物

04.0701 建筑物中嵌入件的拆除

- 通过临时屏障或掩蔽罩壳设置安全封闭。
- 拆除预埋管道周围的混凝土结构。
- 拆除嵌入式管道。

04.0702 受污染结构的拆除

- 通过适当的工艺和技术清除现场所有构筑物中超过释放标准的污染物。
- 拆除未受污染的构筑物、固定装置和其他材料以便进入。

04.0703 建筑物去污

- 通过适当的工艺和技术清除现场所有建筑物中超过释放标准的污染物。

04.0800 清除建筑物外部区域的污染物

04.0801 地下受污染管道和结构的拆除

- 建造通往地下构筑物的通道。
- 通过临时屏障或掩蔽罩壳设置安全封闭。
- 拆除混凝土结构。
- 拆除管道。

04.0802 受污染土壤和其他受污染物品的移除

- 移除表面结构,追踪在设施运行寿期内已迁移至无法进入位置的地下污染物。
- 拆除构筑物,如构筑物下方的地基和开挖结构等。
- 重新设计、修改或更换现有构筑物,以便拆除地面结构、立柱和基脚。
- 防止污染扩散,包括:
—控制/稳定侵蚀。
—围堰。
—现场排水。
—收集和处理地下水。
—监控各口井情况等。
- 环境清理,包括:
—移除受污染的土壤。
—移除受污染的底泥。
—拆除现场掩埋设施。

04.0900 为建筑物开放进行的最终放射性调查

04.0901 建筑物的最终放射性调查

- 去污完成后,对设施和厂址进行全面调查:
—按构筑物区分或分类。
—基于相似物理特性的系统和外部区域。
- 准备最终调查,包括:
—搭建脚手架。

—辨别系统状态(即标记)。

—拆解部件等。

● 最终调查包括:

—特定人员培训。

—设备、仪器校准和测试。

—调查文件编制。

—验证(质量控制)。

—独立样本分析。

—验证性调查等。

● 进行行政管制和/或物理控制,以隔离调查区域,防止调查完成后发生二次污染。

04.0902 建筑物的解控

● 编制关于建筑物开放的文件。

● 独立验证。

05 废物处理、贮存和处置

主要活动 05 包括已拆除部件的大量准备活动,以进行放射性废物最终处置,或进行以下有限制或无限制的再循环或再利用:

● 废物管理系统。

● 历史/遗留高放废物的管理。

● 历史/遗留中放废物的管理。

● 历史/遗留低放废物的管理。

● 历史/遗留极低放废物的管理。

● 历史/遗留豁免废物和材料的管理。

● 退役产生的高放废物的管理。

● 退役产生的中放废物的管理。

● 退役产生的低放废物的管理。

● 退役产生的极低放废物的管理。

● 退役产生的极短寿命废物的管理。

● 退役豁免废物和材料的管理。

● 对控制区外产生的退役废物和材料的管理。

主要活动 05 包括两个主要部分——历史/遗留废物(05.0200~05.0600)和退役产生的废物(05.0700~05.1200)。在上述两个主要部分中,第二级条目是指根据国际原子能机构的废物分类中界定的废物基本类型。第三级条目是指废物管理活动的典型分组。

在各典型的废物管理活动组中,所列用于历史/遗留废物和退役产生的废物的单个废物管理技术可能是相同的。如果废物管理活动中涉及应用于上述两种废物的废物管理技术/设备的采购成本,则该采购成本应仅录入一次(例如,根据主要用途),并对两个部分的运行成本分别进行评估。

第二级第一项条目涉及在退役项目中建立废物管理系统。第二级最后一项条目涉及在控制区外的拆解和拆除活动中所产生的废物(主要活动 07)。

05.0100 废物管理系统

该活动组涉及退役项目的框架内废物管理系统的建立、维护、撤出和/或退役。单个废物管理技术/设施的运行在第三级条目中提出。废物处置在第三级条目中进行探讨。退役项目的废物管理系统中未涉及的特定废物管理公用设施/设备在第三级相关条目中进行探讨。

为列出单个废物类型的成本,可以界定单个废物类型占条目 05.0100 成本的比例。

05.0101 废物管理系统建立

- 在退役项目框架内建立永久性废物管理系统。
- 采购/租赁便携式废物管理系统/设备。
- 进场/安装、启动/测试/许可、专业培训。
- 市场上不能直接购买到的特殊系统的设计和建造,包括进场/安装、启动/测试/许可、专业培训。
- 此处包括建立废物管理系统的费用;废物处理成本包含在相关的单独流程中。
- 对于已建立的废物管理系统中未涵盖的废物,其处理被视为在退役项目之外外包的废物管理设施服务中。
- 废物管理系统可能涉及一般贮存设施。在此情况下,建立贮存设施的费用包括在内。
- 进行各类废物处置的处置设施在单项工程中分别予以考虑。

05.0102 退役废物管理系统现有设施的重建

- 对原用于处理运行废物的现有设施进行重建,以满足退役废物管理的要求,包括启动/测试/许可、专业培训。

05.0103 为管理历史/遗留废物而额外采购的设备

- 采购/租赁/设计和建造便携式或永久性设备,用于管理除各类退役废物之外的历史/遗留废物。
- 进场/安装、启动/测试/许可、专业培训。

05.0104 废物管理系统的维护、监控和运行支持

- 退役项目中建立和运行的废物管理系统中,公共辅助系统和建筑构筑物的维护、监控和运行。

05.0105 废物管理系统的撤出/退役

- 在退役项目中建立和运行的废物管理系统或该系统部分组件的去污、拆解与拆除。
- 所产生废物的管理。

05.0200 历史/遗留高放废物的管理

05.0201 特性鉴定

在历史/遗留高放废物的回取、处理、贮存、处置和运输过程中的特性鉴定活动,以及所需文件的编制。每个流程中包括对其开展的放射性监测。

- 通过直接测量、取样、破坏性/化学分析(取决于废物的形态、几何形状、可及性、放射性条件等),在回取之前对废物(包括废物所在的系统/设备)进行特性鉴定/记录,以用于:

—废物回取程序/仪器的计划和安全评价。

—废物管理的计划和安全评价。

● 单个回取和处理步骤期间的特性鉴定/记录,以及废物中间产品的特性鉴定/记录,用于:

—妥善、安全地执行各个处理步骤,并进行文件记录。

—获取后续处理步骤的数据。

—最终整备。

● 对废物处置包进行所需的物理/化学形态和放射性核素含量特性鉴定/文件记录,以确认处置的可接受性(如一般要求、放射性核素含量、游离液体含量、孔隙含量、危险/有毒/自燃/爆炸/生物/气体成分等)。

● 采购/租赁和/或设计与建造用于特性鉴定的专用仪器,包括冷热测试、许可和专业培训。

05.0202 回取和处理

历史/遗留高放废物的回取、预处理、处理和整备活动;终点——废物准备就绪待最终整备:

● 采购和/或设计以及建造用于回取和处理(当不在废物管理系统中时)高放废物的专用仪器,包括冷热测试、许可和专业培训。

● 用于回取和处理固体和/或液体废物的专用仪器操作,包括远程操作。

● 确保安全与便于回取和处理的安排,如屏蔽、泄漏排除、安全措施等。

● 回取结束时的活动,例如:

—废物贮存设备的去污。

—回取设备的去污和撤出。

—清除去污产生的废物。

—稳固废物贮存设备。

● 固体/液体废物搬运、破碎、分类的远程控制活动。

● 废物处理专用仪器的去污/撤出。

● 固体和液体废物的玻璃固化和/或任何固定/整备活动。

● 05.0207 包括废物包装和运输容器/海运集装箱的采购。

05.0203 最终整备

历史/遗留高放废物的最终整备活动;终点——整备后的废物,可供处置或长期贮存:

● 采购/租赁和/或设计与建造用于高放废物最终整备的专用仪器,包括冷热测试、许可和专业培训(不涉及一般废物管理系统时)。

● 废物整备放入最终处置容器。

● 05.0207 包括处置容器的采购。

05.0204 贮存

历史/遗留高放废物的贮存活动;在某些退役项目中,废物管理的终点可能是长期贮存废物:

● 在退役项目废物管理系统内建造的贮存设施中贮存废物。

● 退役项目废物管理系统中未涉及的专用贮存设施的选址、设计、建造、运行、维护、定期检查和退役。在此类设施中贮存废物。

● 在退役项目之外的贮存设施中贮存废物(分包活动)。

● 05.0207 包括贮存容器的采购。

05.0205 运输

历史/遗留高放废物的回取、处理、贮存和处置过程中涉及的运输活动:

● 废物回取期间的运输。

● 各个处理步骤之间临时废物体的运输。

● 将临时废物体和/或处置包运入/运出贮存设施。

● 最终处置包运至处置设施。

● 运输相关活动,如容器操作、装载、卸载、液体废物和泥浆的泵送、容器的去污和监测等。

● 确保运输安全的安排,包括安保措施。

● 单次运输的放射性监测/文件记录。

● 运输车辆的采购/租赁和/或专用仪器的设计与建造,固体和液体废物运输程序的制定,包括冷热测试和许可以及专业培训。

● 05.0207 包括运输容器的采购。

05.0206 处置

历史/遗留高放废物的处置活动:

● 如果在退役项目的范围内,包括处置库的选址、设计、建造、运行和关闭;在该处置库中的废物处置。

● 在退役项目之外的处置场地进行废物处置。

● 05.0207 包括处置容器的采购。

05.0207 容器

历史/遗留高放废物的容器、废物包装及相关仪器采购:

● 废物包装的采购。

● 运输容器的采购。

● 贮存容器的采购。

● 处置容器的采购。

● 临时现场贮存架或容器的采购。

● 专用特殊容器和相关仪器的设计与建造,包括冷热测试、许可和专业培训。

05.0300 历史/遗留中放废物的管理

05.0301 特性鉴定

在退役中放废物的回取、处理、贮存、处置和运输过程中的特性鉴定活动,以及所需文件的编制。每个流程中包括对其开展的放射性监测。

● 通过直接测量、取样、破坏性/化学分析(取决于废物的形态、几何形状、可及性、放射性条件等),在回取之前对废物(包括废物所在的系统/设备)进行特性鉴定/记录,以用于:

—废物回取程序/仪器的计划和安全评价。

—废物管理的计划和安全评价。

●通过直接测量、取样、破坏性/化学分析(取决于废物的形态、几何形状、可及性、放射性条件等),对废物中间产品进行特性鉴定/文件记录,以用于:

—妥善安全地执行各个处理步骤,并进行文件记录。

—获取后续处理步骤的数据。

—进行材料的计划处置(基于材料处置和/或释放的接受限值)。

●对最终废物处置包进行所需的物理/化学形态和放射性核素含量特性鉴定/文件记录,以确认处置的可接受性(如一般要求、放射性核素含量、游离液体含量、孔隙含量、危险/有毒/自燃/爆炸/生物/气体成分等)。

●采购/租赁和/或设计与建造用于特性鉴定的专用仪器,包括冷热测试、许可和专业培训。

05.0302 回取和处理

历史/遗留中放废物的回取、预处理、处理和整备活动;终点——废物准备就绪待最终整备(对特定材料,还包括释放):

●采购和/或设计以及建造用于回取和处理(当不在废物管理系统中时)中放废物的专用仪器,包括冷热测试、许可和专业培训。

●用于回取和处理固体和/或液体废物的专用仪器操作,包括远程操作。

●确保安全与便于回取和处理的安排,如屏蔽、泄漏排除、安全措施等。

●回取结束时的活动,例如:

—废物贮存设备的去污。

—回取设备的去污和撤出。

—移除去污产生的废物。

—稳固废物贮存设备。

●固体和液体废物的装卸,包括远程装卸。

●根据以下条件进行固体废物的破碎(手动或远程)和分类:

—材料释放标准。

—废物体。

—去污经济性。

●根据以下条件进行去污以便废物再分类、再循环和再利用:

—材料类型。

—污染程度。

—放射性核素特征。

—材料的潜在处理。

●通过蒸发、化学处理、污染物固化、压实、焚烧、稳定、整备等途径处理固体和液体废物,包括:

—固体制备和装卸。

—液体制备和装卸。

—蒸气/气体制备和装卸。

—衬垫/基础/溢出控制。

- 受污染金属和/或混合材料的熔融与其他高温处理(如基于等离子体的熔融技术)。
- 05.0307 包括废物包装和运输容器/海运集装箱的采购。

05.0303 最终整备

历史/遗留中放废物的最终整备活动;终点——废物准备就绪供处置或长期贮存:

- 采购和/或设计与建造用于中放废物最终整备的专用仪器,包括冷热测试、许可和专业培训(不涉及一般废物管理系统时)。
- 废物整备放入最终处置容器。
- 05.0307 包括处置容器的采购。

05.0304 贮存

历史/遗留中放废物的贮存活动;在某些退役项目中,废物管理的终点可能是长期贮存废物:

- 在退役项目的废物管理系统内建造的贮存设施中贮存废物。
- 退役项目废物管理系统中未涉及的专用贮存设施的选址、设计、建造、运行、维护、定期检查和退役;在此类设施中贮存废物。
- 在退役项目之外的贮存设施中贮存废物(分包活动)。
- 05.0307 包括贮存容器的采购。

05.0305 运输

历史/遗留中放废物的处理、贮存和处置过程中涉及的运输活动:

- 各个处理步骤之间临时废物体的运输。
- 将临时废物体和/或处置包运入/运出贮存设施。
- 将最终处置包运至处置设施。
- 运输相关活动,如容器操作、装载、卸载、液体废物和泥浆的泵送、容器的去污和监测等。
- 确保运输安全的安排,包括安保措施。
- 单次运输的监测/文件记录。
- 运输车辆的采购和/或专用仪器的设计与建造,固体和液体废物运输程序的制定,包括冷热测试和许可以及专业培训。
- 05.0307 包括运输容器的采购。

05.0306 处置

历史/遗留中放废物的处置活动:

- 如在退役项目的边界条件范围内,包括处置库的选址、设计、建造、运行和关闭;在该类处置库中的废物处置。
- 在退役项目之外的处置场地进行废物处置。
- 05.0307 包括处置容器的采购。

05.0307 容器

历史/遗留中放废物的容器、废物包装及相关仪器采购:

- 废物包装的采购。

- 贮存容器的采购。
- 处置容器的采购。
- 中放废物专用运输容器/海运集装箱的采购。
- 其他各类特殊海运集装箱的采购,包括:

—海运容器。

—内衬。

—铁路运输容器。

- 临时现场贮存架或容器的采购。
- 专用特殊容器和相关仪器的设计与建造,包括冷热测试、许可和专业培训。

05.0400 历史/遗留低放废物的管理

05.0401 特性鉴定

在历史/遗留低放废物的处理、贮存、处置和运输过程中的特性鉴定活动,以及所需文件的编制。每个流程中包括对其开展的放射性监测。

- 通过直接测量、取样、破坏性/化学分析(取决于废物的形态、几何形状、可及性、放射性条件等),在回取之前对废物(包括废物所在的系统/设备)进行特性鉴定/记录,以用于:

—废物回取程序/仪器的计划和安全评价。

—废物管理的计划和安全评价。

- 通过直接测量、取样、破坏性/化学分析(取决于废物的形态、几何形状、可及性、放射性条件等),对废物中间产品进行特性鉴定/文件记录,以用于:

—妥善安全地执行各个处理步骤,并进行文件记录。

—获取后续处理步骤的数据。

—进行材料的计划处置(基于材料处理和/或释放的接受限值)。

- 对最终废物处置包进行所需的物理/化学形态和放射性核素含量特性鉴定/文件记录,以确认处置的可接受性(如一般要求、放射性核素含量、游离液体含量、孔隙含量、危险/有毒/自燃/爆炸/生物/气体成分等)。
- 采购/租赁和/或设计与建造用于特性鉴定的专用仪器,包括冷热测试、许可和专业培训。

05.0402 回取和处理

历史/遗留低放废物的回取、预处理、处理和整备活动;终点——废物准备就绪待最终整备或材料待释放:

- 采购和/或设计以及建造用于回取和处理(当不在废物管理系统中时)中放废物的专用仪器,包括冷热测试、许可和专业培训。
- 用于回取和处理固体和/或液体废物的专用仪器操作,包括远程操作。
- 确保安全与便于回取和处理的安排,如屏蔽、泄漏排除、安全措施等。
- 回取结束时的活动,例如:

—废物贮存设备的去污。

—回取设备的去污和撤出。

—移除去污产生的废物。

—稳固废物贮存设备。

· 固体和液体废物的处理。

· 根据以下条件进行固体废物的破碎和分类：

—材料释放标准。

—废物体。

—去污经济性。

· 根据以下条件进行去污以便废物再分类、再循环和再利用：

—材料类型。

—污染程度。

—放射性核素特征。

—材料的潜在处理。

· 通过蒸发、化学处理、污染物固化、压实、焚烧、稳定、整备等途径加工固体和液体废物,包括：

—固体制备和装卸。

—液体制备和装卸。

—蒸气/气体制备和装卸。

—衬垫/基础/溢出控制。

· 受污染金属和/或混合材料的熔融与其他高温处理(如基于等离子体的熔融技术)。

· 05.0407 包括废物包装和运输容器/海运集装箱的采购。

05.0403 最终整备

历史/遗留低放废物的最终整备活动;终点——废物准备就绪供处置或长期贮存：

· 采购/租赁和/或设计与建造用于中放废物最终整备的专用仪器,包括冷热测试、许可和专业培训(不涉及一般废物管理系统时)。

· 废物整备放入最终处置容器。

· 05.0407 包括处置容器的采购。

05.0404 贮存

历史/遗留低放废物的贮存活动;在某些退役项目中,废物管理的终点可能是长期贮存废物：

· 在退役项目的废物管理系统内建造的贮存设施中贮存废物。

· 退役项目废物管理系统中未涉及的专用贮存设施的选址、设计、建造、运行、维护、定期检查和退役;在此类设施中贮存废物。

· 在退役项目之外的贮存设施中贮存废物(分包活动)。

· 05.0407 包括贮存容器的采购。

05.0405 运输

历史/遗留低放废物的处理、贮存和处置过程中涉及的运输活动：

· 各个处理步骤之间临时废物体的运输。

· 将临时废物体和/或处置包运入/运出贮存设施。

· 将最终处置包运至处置设施。

● 运输相关活动,如容器操作、装载、卸载、液体废物和泥浆的泵送、容器的去污和监测等。

● 确保运输安全的安排,包括安保措施。

● 单次运输的监测/文件记录。

● 运输车辆的采购和/或专用仪器的设计与建造,固体和液体废物运输程序的制定,包括冷热测试和许可以及专业培训。

● 05.0407 包括运输容器/海运集装箱的采购。

05.0406 处置

历史/遗留低放废物的处置活动:

● 如在退役项目的边界条件范围内,包括处置库的选址、设计、建造、运行和关闭;在该类处置库中的废物处理。

● 在退役项目之外的处置场地进行废物处置。

● 05.0407 包括处置容器的采购。

05.0407 容器

历史/遗留低放废物的容器、废物包装及相关仪器采购:

● 废物包装的采购。

● 贮存容器的采购。

● 处置容器的采购。

● 低放废物专用运输容器/海运集装箱的采购。

● 其他各类特殊海运集装箱的采购,包括:

—海运容器。

—内衬。

—铁路容器。

● 低放射性比活度运输容器的采购,包括:

—牢固紧密的容器。

—内衬。

—圆桶和提桶。

—海运容器。

● 临时现场贮存架或容器的采购。

● 专用特殊容器和相关仪器的设计与建造,包括冷热测试、许可和专业培训。

05.0500 历史/遗留极低放废物的管理

05.0501 特性鉴定

历史/遗留极低放废物的处理、包装、处置和运输过程中的特性鉴定活动,以及编制所需文件。

● 通过直接测量、取样、破坏性/化学分析(取决于废物的形态、几何形状、可及性、放射性条件等),在回取之前对废物(包括废物所在的系统/设备)进行特性鉴定/记录,以用于:

—废物回取程序/仪器的计划和安全评价。

—废物管理的计划和安全评价。

- 处理中废物和废物中间产品的废物特性鉴定/文件记录,主要通过直接测量和取样:
—记录各个过程。
—进行材料的计划处置(基于材料处置和/或释放的接收限值)。
- 根据所需物理和化学形态、放射性核素含量和其他要求进行最终废物处理包的特性鉴定/文件记录,以确认处置的可接受性。

05.0502 回取、处理和包装

退役极低放废物的回取、预处理、处理和整备活动:

- 采购和/或设计以及建造用于废物回取的专用仪器,包括冷热测试、许可和专业培训。
- 固体和/或液体废物回取仪器的操作。
- 确保安全和便于回取的安排,如泄漏排除、安全措施等。
- 回取结束时的活动,例如:
—废物贮存设备的去污。
—回取设备的去污和撤出。
—移除去污产生的废物。
—稳固废物贮存设备。
- 使用相对简单的技术处理固体和液体废物。
- 根据以下条件进行固体废物的破碎和分类:
—材料释放标准。
—废物体。
—去污经济性。
- 去污、待再循环和再利用。
- 固体和液体废物处理(大多使用简单的技术)。
- 受污染土壤的处理。
- 所有二次废物的处理。
- 现场短期贮存。
- 使用简单的包装(如塑料袋或编织袋),包装极低放废物以供处置;不考虑用于处置的容器。

05.0503 运输

处理、包装和处置历史/遗留极低放废物的相关运输活动:

- 各个处理步骤之间临时废物体的运输。
- 最终处置包运至处置设施。
- 运输相关活动,如容器操作、装载、卸载、液体废物和泥浆的泵送、容器的去污和监测等。
- 单次运输的监测/文件记录。
- 运输车辆和容器的采购/租赁和/或专用仪器的设计与建造(如需要),包括许可。

05.0504 处置

历史/遗留极低放废物的处置活动：

● 如在退役项目的边界条件范围内，包括处置库的选址、设计、建造、运行和关闭；在该类处置库中的废物处理。

● 在退役项目之外的处置场地进行废物处置。

05.0600 历史/遗留豁免废物和材料的管理

05.0601 回取、处理和包装

历史/遗留豁免废物和材料的回取、处理与包装活动：

● 常规废物和材料的简单加工、处理与监控。

● 危险豁免废物在清洁解控前的处理与监控。

● 将豁免废物和材料放入经批准的包装中（如圆桶），以进行清洁解控监测。

● 任何仪器的采购/租赁（如需要）。

05.0602 豁免废物和材料的清洁解控水平测量

无条件解控和有条件解控豁免废物和材料的活动：

● 根据自由释放以及对有条件解控材料进行未来再利用的既定标准，对装有豁免废物、材料和去污材料的桶进行扫描。

● 编制已解控材料的文件记录。

● 在清洁解控程序后进行豁免废物和材料的处理。

● 采购/租赁用于清洁解控水平测量的专用仪器。

● 制定进行清洁解控水平测量的程序。

● 维护和定期校准仪器，以及更新清洁解控程序。

05.0603 危险废物的运输

危险废物清洁解控有关的运输活动：

● 将豁免危险废物转移至专用废物处置场的运输。

● 与运输相关的活动，如容器操作、装载、卸载等。

● 根据危险材料类型制定的任何相关安全措施。

● 运输车辆和容器（如需要）的采购/租赁。

05.0604 在专用废物处置场处置危险废物

● 在专用废物处置场处置危险废物。

05.0605 常规废物和材料的运输

与常规废物和材料清洁解控有关的运输活动：

● 将常规废物运至常规废物处置场。

● 将可重复使用材料运输至其待重复使用的地方。

● 与运输相关的活动，如容器装卸、装载、卸载等。

● 运输车辆和容器（如需要）的采购/租赁。

05.0606 在常规废物处置场处置常规废物

● 在公共废物处置场处置常规废物。

05.0700 退役产生的高放废物的管理

05.0701 特性鉴定

在退役产生的高放废物的处理、贮存、处置和运输过程中的特性鉴定活动,以及所需文件的编制。每个流程中包括对其开展的放射性监测。

• 通过直接测量、取样、破坏性/化学分析(取决于废物的形态、几何形状、可及性、放射性条件等),对处理中的废物进行特性鉴定/文件记录,以用于:

—确保适当处理技术的实施。

—维持各个流程中的安全。

• 通过直接测量、取样、破坏性/化学分析(取决于废物的形态、几何形状、可及性、放射性条件等),对废物中间产品进行特性鉴定/文件记录,以用于:

—妥善安全地执行各个处理步骤,并进行文件记录。

—获取后续处理步骤的数据。

—最终整备。

• 对最终废物处置包进行所需的物理/化学形态和放射性核素含量特性鉴定/文件记录,以确认处置的可接受性(如一般要求、放射性核素含量、游离液体含量、孔隙含量、危险/有毒/自燃/爆炸/生物/气体成分等)。

• 采购/租赁和/或设计与建造用于特性鉴定的专用仪器,包括冷热测试、许可和专业培训。

05.0702 处理

退役产生的高放废物的预处理、处理和整备活动;终点——废物准备就绪,待最终整备:

• 采购/租赁和/或设计与建造用于废物处理的专用仪器,包括冷热测试、许可和专业培训(不涉及一般废物管理系统时)。

• 固体和/或液体废物处理专用仪器的操作/撤出/退役(包括远程方式)。

• 确保安全和便于处理的安排,如屏蔽、泄漏排除、安全措施等。

• 固体/液体废物装卸、破碎、分类的远程控制活动。

• 固体和液体废物的玻璃固化和/或任何固定/整备。

• 废物包装和运输容器/海运集装箱的采购含在 05.0707 中。

05.0703 最终整备

退役产生的高放废物的最终整备活动;终点——可供处置或长期贮存的废物整备就绪:

• 采购/租赁和/或设计与建造用于高放废物最终整备的专用仪器,包括冷热测试、许可和专业培训(不涉及一般废物管理系统时)。

• 废物整备放入最终处置容器。

• 处置容器的采购含在 05.0707 中。

05.0704 贮存

退役产生的高放废物的贮存活动;在某些退役项目中,废物管理的终点可能是长期贮存废物:

- 在退役项目的废物管理系统内建造的贮存设施中贮存废物。

- 退役项目废物管理系统中未涉及的专用贮存设施的选址、设计、建造、运行、维护、定期检查和退役;在此类设施中贮存废物。

- 在退役项目之外的贮存设施中贮存废物(分包活动)。

- 贮存容器的采购含在 05.0707 中。

05.0705 运输

涉及处理、贮存和处置退役产生的高放废物的运输活动:

- 各个处理步骤之间临时废物体的运输。

- 将临时废物体和/或处置包运入/运出贮存设施。

- 将最终处置包运至处置设施的运输。

- 运输相关活动,如容器操作、装载、卸载、液体废物和污泥的泵送、容器的去污和监测等。

- 确保运输安全的安排,包括安保措施。

- 单次运输的放射性监测/文件记录。

- 运输车辆的采购/租赁和/或专用仪器的设计与建造,固体和液体废物运输程序的制定,包括冷热测试、许可以及专业培训。

- 运输容器的采购含在 05.0707 中。

05.0706 处置

处置退役产生的高放废物的活动:

- 如在退役项目的边界条件范围内,包括处置库的选址、设计、建造、运行和关闭;在该类处置库中的废物处置。

- 在退役项目之外的处置场地进行废物处置。

- 处置容器的采购含在 05.0707 中。

05.0707 容器

退役产生的高放废物的容器、废物包装及相关仪器采购:

- 废物包装的采购。

- 运输容器/海运集装箱的采购。

- 贮存容器的采购。

- 处置容器的采购。

- 临时现场贮存架或容器的采购。

- 专用特殊容器和相关仪器的设计与建造,包括冷热测试、许可和专业培训。

05.0800 退役产生的中放废物的管理

05.0801 特性鉴定

在退役产生的中放废物的处理、贮存、处置和运输过程中的特性鉴定活动,以及所需文件的编制。每个流程中包括对其开展的放射性监测。

- 通过直接测量、取样、破坏性/化学分析(取决于废物的形态、几何形状、可及性、放射性条件等)等方式,对处理中的废物进行特性鉴定/文件记录,以用于:

—确保采用适当的处理技术。

—处理过程中保持安全。

• 通过直接测量、取样、破坏性/化学分析(取决于废物的形态、几何形状、可及性、放射性条件等),对废物中间产品进行特性鉴定/文件记录,以用于:

—妥善安全地执行各个处理步骤,以及进行文件记录。

—获取后续处理步骤的数据。

—进行材料的计划处置(基于材料处置和/或释放的接受限值)。

• 对最终废物处置包进行所需的物理/化学形态和放射性核素含量特性鉴定/文件记录,以确认处置的可接受性(如一般要求、放射性核素含量、游离液体含量、孔隙含量、危险/有毒/自燃/爆炸/生物/气体成分等)。

• 采购/租赁和/或设计、建造用于特性鉴定的专用仪器,包括冷热测试、许可和专业培训。

05.0802 处理

退役产生的中放废物的预处理、处理和整备活动;终点——废物准备就绪,待最终整备(对特定材料,还包括释放):

• 采购/租赁和/或设计、建造用于废物处理的专用仪器,包括冷热测试、许可和专业培训(不涉及一般废物管理系统时)。

• 固体和/或液体废物处理专用仪器的操作/撤出/退役(包括远程方式)。

• 确保安全和便于废物处理的安排,如屏蔽、泄漏排除、安全措施等。

• 固体和液体废物的装卸,包括远程装卸。

• 根据以下条件进行固体废物的破碎(手动或远程)和分类:

—材料释放标准。

—废物体。

—去污经济性。

• 根据以下条件进行去污以便废物再分类、再循环和再利用:

—材料类型。

—污染程度。

—放射性核素特征。

—材料的潜在处理。

• 通过蒸发、化学处理、污染物固化、压实、焚烧、稳定、整备等途径处理固体和液体废物,包括:

—固体准备和装卸。

—液体准备和装卸。

—蒸气/气体准备和装卸。

—衬垫/基础/溢出控制。

• 受污染金属和/或混合材料的熔融与其他高温处理(如基于等离子体的熔融技术)。

• 废物包装和运输容器/海运集装箱的采购包含在 05.0807 中。

05.0803 最终整备

退役产生的中放废物的最终整备活动;终点——废物准备就绪供处置或长期贮存:

● 采购和/或设计、建造用于中放废物最终整备的专用仪器,包括冷热测试、许可和专业培训(不涉及一般废物管理系统时)。

● 废物整备放入最终处置容器。

● 处置容器的采购包含在 05.0807 中。

05.0804 贮存

退役产生的中放废物的贮存活动;在某些退役项目中,废物管理的终点可能是长期贮存废物:

● 在退役项目的废物管理系统内建造的贮存设施中贮存废物。

● 退役项目废物管理系统中未涉及的专用贮存设施的选址、设计、建造、运行、维护、定期检查和退役。在此类设施中贮存废物。

● 在退役项目之外的贮存设施中贮存废物(分包活动)。

● 贮存容器的采购包含在 05.0807 中。

05.0805 运输

涉及处理、贮存和处置退役产生的中放废物的运输活动:

● 各个处理步骤之间临时废物体的运输。

● 将临时废物体和/或处置包运入/运出贮存设施。

● 将最终处置包运至处置设施。

● 运输相关活动,如容器操作、装载、卸载、液体废物和污泥的泵送、容器的去污和监测等。

● 确保运输安全的安排,包括安保措施。

● 单次运输的监测/文件记录。

● 运输车辆的采购和/或专用仪器的设计与建造,固体和液体废物运输程序的制定,包括冷热测试、许可和专业培训。

● 运输容器/海运集装箱的采购包含在 05.0807 中。

05.0806 处置

退役产生的中放废物的处置活动:

● 如在退役项目的边界条件范围内,包括处置库的选址、设计、建造、运行和关闭;在该类处置库中的废物处置。

● 在退役项目之外的处置场地进行废物处置。

● 处置容器的采购包含在 05.0807 中。

05.0807 容器

退役产生的中放废物的容器、废物包装及相关仪器采购:

● 废物包装的采购。

● 贮存容器的采购。

● 处置容器的采购。

● 中放废物专用运输容器/海运集装箱的采购。

● 其他各类特殊海运集装箱的采购,包括:

—海运容器。

—内衬。

—铁路运输容器。

●临时现场贮存架或容器的采购。

●专用特殊容器和相关仪器的设计与建造,包括冷热测试、许可和专业培训。

05.0900 退役产生的低放废物的管理

05.0901 特性鉴定

在退役产生的低放废物的处理、贮存、处置和运输过程中的特性鉴定活动,以及所需文件的编制。每个流程中包括对其开展的放射性监测。

●通过直接测量、取样、破坏性/化学分析(取决于废物的形态、几何形状、可及性、放射性条件等),对处理中的废物进行特性鉴定/文件记录,以用于:

—确保适当处理技术的实施。

—维持各个流程中的安全。

●通过直接测量、取样、破坏性/化学分析(取决于废物的形态、几何形状、可及性、放射性条件等),对废物中间产品进行特性鉴定/文件记录,以用于:

—妥善安全地执行各个处理步骤,并进行文件记录。

—获取后续处理步骤的数据。

—进行材料的计划处置(基于材料处置和/或释放的接受限值)。

●对最终废物处置包进行所需的物理/化学形态和放射性核素含量特性鉴定/文件记录,以确认处置的可接受性(如一般要求、放射性核素含量、游离液体含量、孔隙含量、危险/有毒/自燃/爆炸/生物/气体成分等)。

●采购/租赁和/或设计、建造用于特性鉴定的专用仪器,包括冷热测试、许可和专业培训。

05.0902 处理

退役产生的低放废物的预处理、处理和整备活动;终点——废物准备就绪,待最终整备或材料待释放:

●采购/租赁和/或设计、建造用于废物处理和装卸的专用仪器,包括冷热测试、许可和专业培训(不涉及一般废物管理系统时)。

●固体和/或液体废物处理与装卸专用仪器的操作/撤出/退役。

●确保安全和便于废物处理的安排,如屏蔽、泄漏排除、安全措施等。

●固体废物和液体废物的装卸。

●根据以下条件进行固体废物的破碎和分类:

—材料释放标准。

—去污经济性。

●为废物再分类、再循环和再利用进行的去污,基于:

—材料类型。

—污染程度。

—放射性核素特征。

—材料的潜在处理。

● 通过蒸发、化学处理、污染物固化、压实、焚烧、稳定、整备等方法处理固体和液体废物,包括:

—固体制备和装卸。

—液体制备和装卸。

—蒸气/气体制备和装卸。

—衬垫/基础/溢出控制。

● 受污染金属和/或混合材料的熔融与其他高温处理(如基于等离子体的熔融技术)。

● 所有二次废物的处理。

● 废物包装和运输容器的采购包含在 05.0907 中。

05.0903 最终整备

退役产生的低放废物的最终整备活动;终点——可供处置或长期贮存的废物:

● 采购/租赁和/或设计与建造用于中放废物最终整备的专用仪器,包括冷热测试、许可和专业培训(不涉及一般废物管理系统时)。

● 将废物整备放入最终处置容器。

● 处置容器的采购包含在 05.0907 中。

05.0904 贮存

退役产生的低放废物的贮存活动;在某些退役项目中,废物管理的终点可能是长期贮存废物:

● 在退役项目的废物管理系统内建造的贮存设施中贮存废物。

● 不涉及退役项目废物管理系统的专用贮存设施的选址、设计、建造、运行、维护、定期检查和退役;在这些设施中贮存废物。

● 在退役项目之外的贮存设施中贮存废物(分包活动)。

● 贮存容器的采购包含在 05.0907 中。

05.0905 运输

涉及处理、贮存和处置退役产生的低放废物的运输活动:

● 各个处理步骤之间临时废物体的运输。

● 将临时废物体和/或处置包运入/运出贮存设施。

● 将最终处置包运至处置设施。

● 运输相关活动,如容器操作、装载、卸载、液体废物和污泥的泵送、容器的去污和监测等。

● 确保运输安全的安排,包括安保措施。

● 单次运输的监测/文件记录。

● 运输车辆的采购和/或专用仪器的设计与建造,固体和液体废物运输程序的制定,包括冷热测试、许可和专业培训。

● 运输容器/海运集装箱的采购包含在 05.0907 中。

05.0906 处置

退役产生的低放废物的处置活动:

● 如在退役项目的边界条件范围内,包括处置库的选址、设计、建造、运行和关闭;在该处置库中的废物处置。

- 在退役项目之外的处置场地进行废物处置。
- 处置容器的采购包含在 05.0907 中。

05.0907 容器

退役产生的低放废物的容器、废物包装及相关仪器采购：

- 废物包装的采购。
- 贮存容器的采购。
- 处置容器的采购。
- 低放废物专用运输容器/海运集装箱的采购。
- 其他各类特殊海运集装箱的采购，包括：

—海运容器。

—内衬。

—铁路运输容器。

- 低放射性比活度海运集装箱的采购，包括：

—牢固紧密的容器。

—内衬。

—圆桶和提桶。

—海运容器。

- 临时现场贮存架或容器的采购。
- 专用特殊容器和相关仪器的设计与建造，包括冷热测试、许可和专业培训。

05.1000 退役产生的极低放废物的管理

05.1001 特性鉴定

退役产生的极低放废物的处理、包装、处置和运输的特性鉴定活动，以及编制所需文件。

- 进入处理中的废物和临时废物的特性鉴定/文件记录，主要通过直接测量和取样：

—记录各个过程。

—进行材料的计划处置（基于材料处置和/或释放的接受限值）。

- 根据所需物理和化学形式、放射性核素含量与其他要求的最终废物处理包的特性鉴定/文件，以确认处理的可接受性。

05.1002 处理和包装

退役产生的极低放废物的预处理、处理和整备活动：

- 使用相对简单的技术处理固体和液体废物。
- 根据以下条件进行固体废物的破碎和分类：

—材料释放标准。

—废物体。

—去污经济性。

- 去污、待再循环和再利用。
- 固体和液体废物处理（大多使用简单的技术）。

- 污染土壤的处理。
- 所有二次废物的处理。
- 现场短期贮存。
- 用简单包装,如塑料袋或编织袋,包装极低放废物以供处置;不考虑容器的处置。

05.1003 运输

处理、包装和处置退役产生的极低放废物的相关运输活动:

- 各个处理步骤之间临时废物体的运输。
- 将最终处置包运至处置设施。
- 运输相关活动,如容器操作、装载、卸载、液体废物和污泥的泵送、集装箱的去污和监测等。
- 单次运输的监测/文件记录。
- 运输车辆与容器的采购/租赁和/或专用仪器的设计及建造(如需要),包括许可。

05.1004 处置

退役产生的极低放废物的处置活动:

- 如在退役项目的边界条件范围内,包括处置库的选址、设计、建造、运行和关闭;在该处置库中的废物处置。
- 在退役项目之外的处置场地进行废物处置。

05.1100 退役产生的极短寿命废物的管理

05.1101 特性鉴定

- 任何涉及处理、贮存、整备和包装极短寿命废物的特性鉴定活动,以及编制所需文件。

05.1102 处理、贮存、整备和包装

退役产生的极短寿命废物的处理、贮存、整备和包装活动:

- 改变废物形态的简单处理活动(如需要)。
- 现场临时贮存。
- 整备和监测活动。
- 清洁解控前极短寿命废物的包装。

05.1103 对退役产生的极短寿命废物的最终管理

- 清洁解控后极短寿命废物的最终管理。

05.1200 退役豁免废物和材料的管理

05.1201 处理和包装

退役豁免废物和材料的处理与包装活动:

- 常规豁免废物和材料的简单装卸、处理和监控。
- 危险豁免废物在清洁解控前的装卸和监控。
- 将豁免废物和材料放入经批准的包装中(如圆桶),以进行清洁解控监测。
- 任何仪器的采购/租赁(如需要)。

05.1202 豁免废物和材料的清洁解控水平测量

无条件解控与有条件解控废物和材料的活动：

• 根据无条件解控及对有条件解控材料未来再利用的既定标准,对装有豁免废物、材料和去污后材料的桶进行扫描。

• 编制已解控材料的文件记录。

• 在清洁解控程序后进行豁免废物和材料的装卸。

• 采购/租赁用于清洁解控水平测量的专用仪器。

• 制定进行清洁解控水平测量的程序。

• 维护和定期校准仪器,更新清洁解控程序。

05.1203 危险废物的运输

危险废物清洁解控有关的运输活动：

• 将豁免危险废物转移至专用废物处置场的运输。

• 与运输相关的活动,如容器操作、装载、卸载等。

• 根据危险材料类型制定的任何相关安全措施。

• 运输车辆和容器(如需要)的采购/租赁。

05.1204 在专用废物处置场处置危险废物

• 在专用废物处置场处置危险废物。

05.1205 常规废物和材料的运输

与常规废物和材料清洁解控有关的运输活动：

• 将常规废物运至常规废物处置场。

• 将可重复使用材料运输至其待重复使用的地方。

• 与运输相关的活动,如容器装卸、装载、卸载等。

• 运输车辆和容器(如需要)的采购/租赁。

05.1206 在常规废物处置场处置常规废物

• 在公共废物处置场处置常规废物。

05.1300 对控制区外产生的退役废物和材料的管理

05.1301 混凝土再循环

现场或场外的混凝土和其他建筑材料再循环的相关活动：

• 拆除材料和回收材料临时贮存场的准备与退役。

• 再循环器的采购/租赁、安装和撤出。

• 混凝土和其他建筑材料再循环。

• 钢筋分离。

• 处理回收材料。

05.1302 危险废物的处理和包装

处理和包装危险废物的相关活动：

• 危险废物处理和包装临时设施的设立、运行、撤出/退役。

• 危险废物的分拣、处理、固化及其他活动。

• 危险废物的包装。

- 根据危险材料类型制定的任何相关安全措施。

05.1303 其他材料的处理和再循环

在控制区外拆解和拆除产生的其他材料再循环的相关活动：

- 其他材料再循环临时设施的设立、运行、撤出/退役。
- 大型设备的分割。
- 可重复使用材料(钢、有色金属等)的破碎及分类。
- 分类后材料和无用废物的装卸。
- 危险废物的分离并运至危险废物处置场。

05.1304 危险废物的运输

运输危险废物的相关活动：

- 将危险废物运至专用废物处置场。
- 与运输相关的活动,如容器装卸、装载、卸载等。
- 根据危险材料类型制定的任何相关安全措施。
- 运输车辆和容器(如需要)的采购/租赁。

05.1305 在专用废物处置场处置危险废物

- 在专用废物处置场处置危险废物。

05.1306 常规废物和材料的运输

运输常规废物和可重复使用材料的相关活动：

- 将常规废物运至公共废物处置场。
- 将可重复使用材料运输至其待重复使用的地方。
- 与运输相关的活动,如容器操作、装载、卸载等。
- 运输车辆和容器(如需要)的采购/租赁。

05.1307 在常规废物处置场处置常规废物

- 在公共废物处置场处置常规废物。

06　现场基础设施和运行

主要活动 06 分为 4 个活动组,主要包括现场保护、控制和维护活动：

- 现场安保和监控。
- 现场运行和维护。
- 支持系统的运行。
- 辐射和环境安全监测。

主要活动 06 的某些子活动可能会被外包。部分外包的安保、监控和监测活动可以远程进行。

06.0100 现场安保和监控

06.0101 一般安保设备的采购

- 监控即将退役或正在部分拆除的设施所需的设备,以尽量减少长期贮存期间的人力成本,包括安装、测试、许可(运行活动将包含在退役活动中)。
- 安保围栏(新),包括安装、测试、许可(运行活动将包含在退役活动中)。

06.0102 自动化门禁系统、监控系统及警报系统的运行和维护

- 根据退役项目的要求,从运行期开始改造自动化门禁系统、监控系统及警报系统。
- 自动化门禁系统、监控系统及警报系统的运行和维护。
- 根据退役项目各个阶段的要求,改造自动化门禁系统、监控系统及警报系统。

06.0103 安保围栏及其余入口防止非法进入的保护措施

- 根据退役项目的要求,从运行期开始改造安保围栏和入口。
- 保护剩余未使用的入口免遭侵入。
- 安保围栏的运行和维护。
- 根据退役项目各个阶段的要求,改造安保围栏和入口。

06.0104 警卫/安保力量的部署

- 根据退役项目各个阶段的要求,配备警卫和安保人员。

06.0200 现场运行和维护

06.0201 建筑物和系统的检查与维护

- 监测支持休眠和/或退役所需的系统与构筑物,安保系统除外。
- 维护/更换支持休眠和/或退役所需的系统与构筑物,安保系统除外。
- 冗余设备的禁用、改造和维护。
- 监管评价/合规及检查。

06.0202 现场维护活动

- 场地维护。
- 除草。
- 清扫落叶和其他垃圾。
- 道路和停车场维护。
- 雨水道维护。

06.0300 支持系统的运行

某些支持系统用于向各个退役活动分配电力、水、蒸汽、工业气体和其他消耗品。这些消耗品的费用可分配给各个退役活动或各个支持系统的运行。应说明这些费用的分配方式。

06.0301 供电系统

- 根据退役项目各个阶段的要求,改造系统,并在运行结束时关闭系统。
- 系统运行和维护;人员和活动的范围取决于退役项目各个阶段的要求。

06.0302 通风系统

- 根据退役项目各个阶段的要求,改造系统,并在运行结束时关闭系统。
- 系统运行和维护;人员和活动的范围取决于退役项目各个阶段的要求。

06.0303 供暖、蒸汽及照明系统

- 根据退役项目各个阶段的要求,改造系统,并在运行结束时关闭系统。
- 系统运行和维护;人员和活动的范围取决于退役项目各个阶段的要求。

06.0304 供水系统

- 根据退役项目各个阶段的要求,改造系统,并在运行结束时关闭系统。

- 系统运行和维护;人员和活动的范围取决于退役项目各个阶段的要求。

06.0305 污水/废水系统

- 根据退役项目各个阶段的要求,改造系统,并在运行结束时关闭系统。
- 系统运行和维护;人员和活动的范围取决于退役项目各个阶段的要求。

06.0306 压缩空气/氮气系统

- 根据退役项目各个阶段的要求,改造系统,并在运行结束时关闭系统。
- 系统运行和维护;人员和活动的范围取决于退役项目各个阶段的要求。

06.0307 其他系统

- 根据退役项目各个阶段的要求,改造系统,并在运行结束时关闭系统。
- 系统运行和维护;人员和活动的范围取决于退役项目各个阶段的要求。

06.0400 辐射和环境安全监测

06.0401 辐射防护设备及环境监测设备的采购和维护

- 一般辐射防护设备,如在控制区的出入口监控系统,包括安装、测试、许可(运行活动将包含在退役活动中)。
- 用于剂量率测量和/或污染测量的便携式监测设备,包括安装、测试、许可(运行活动将包含在退役活动中)。
- 用于退役作业测量的监测设备,包括安装、测试、许可(运行活动将包含在退役活动中)。
- 环境监测设备,包括安装、测试、许可(运行活动将包含在退役活动中)。

06.0402 辐射防护和监测

- 支持室外操作并维持对设施进行有组织控制。
- 辐射防护技术专家,剂量测定专家。
- 设置工作区域/通道要求。
- 保存设施不断变化的辐射条件的文件记录。
- 提供剂量测定和人员防护等。
- 区域监控,包括:
—报警系统。
—盖革-米勒/闪烁测量。
—电离室测量。
—氚监测。
—特例监测。
- 个人剂量测定,包括:
—声音报警系统。
—胶片式计量器。
—袖珍电离室。
- 人员辐射计数,包括:
—门口监测。
—手脚监测。

—全身监测。

—手持监测。

●剂量测定系统,包括:

—电子剂量计/读取器/配件。

—热发光剂量计/读取器/组件。

●诊断、质量保证和校准,包括:

—场外校准。

—现场校准。

—校准标准。

●运行活动,包括:

—测量。

—辐射防护培训。

—工作区域监测。

—个人防护设备测量。

—放射性污染防护设备测量。

—人员去污。

06.0403 环境保护和辐射环境监测

●监测和记录构筑物内外的气载辐射水平。

●监测和记录设施系统与雨水排放系统中的水污染水平。

●土壤取样、分析和结果记录。

07 常规拆解、拆除和场址修复

总的来说,主要活动 07 考虑了核电站退役的非放射性部分。此活动包含 6 个活动组:

●常规拆解和拆除设备的采购。

●控制区外系统和建筑部件的拆除。

●建筑物和构筑物的拆除。

●最终清理、景观美化和翻新。

●场址最终放射性调查。

●资产有限或受限解控的永久供资/监控。

07.0100 常规拆解和拆除设备的采购

07.0101 常规拆解和拆除设备的采购

●包括购买或租用、安装、测试、维护用于常规拆解和拆除的设备(运行活动将包含在退役活动中),例如:

—悬臂起重机。

—叉车。

—卡车等。

—风钻和气锤。

—拆除机器人。

●用于单独作业的特殊起重装置,包括安装、测试、许可和维护(运行活动将包含在退役活动中)。

07.0200 控制区外系统和建筑部件的拆除

拆除不可用的、清洁的核电站配套设施系统,包括:

07.0201 发电系统

●汽轮发电机。

●电机控制中心(MCC)。

●电缆桥架和电缆沟。

07.0202 冷却系统部件

●部件冷却系统。

●补给水系统。

●给水系统。

●冷凝器冷却系统。

●冷凝水系统。

07.0203 其他辅助系统

●取样系统。

●仪表系统。

●压缩空气系统。

●仪表空气系统。

●安保系统。

●消防系统。

●空调和供暖。

●其他或等效系统。

07.0300 建筑物和构筑物的拆除

07.0301 控制区内建筑物和构筑物的拆除

●将已部分拆除的建筑物和构筑物完全拆除:

—在放射性移除阶段已经损坏。

—由于年龄、结构状况或陈旧而视为不稳定。

●将已去污的建筑物剩余部分拆除至规定高度(例如,-1 m 的高度)或完全拆除(包括地基和底板),例如:

—反应堆厂房。

—非反应堆设施中的主要加工厂房。

—附属厂房。

—乏燃料贮存厂房。

—低放废物贮存厂房。

—放射性废物处理厂房。

●改造规定高度以下(例如,-1 m 高度以下)的剩余地下结构,以便进行回填(例如,通过部分破坏天花板)。

●将地下空隙回填至规定高度(例如,-1 m的高度)。

07.0302 控制区外建筑物和构筑物的拆除

●将已部分拆除的建筑物和构筑物完全拆除:

—由于年龄、结构状况或陈旧而视为不稳定。

●清洁的建筑物和构筑物剩余部分拆解与拆除至规定高度(例如,-1 m的高度)或完全拆除(包括地基和底板),包括:

—新燃料贮存厂房。

—冷却塔。

—冷却水入口和出口构筑物。

—汽轮发电机大厅。

—柴油发电机厂房。

—仓库和商店。

—钢轨底座。

—路基。

—气象塔。

—安保围栏。

—安保建筑。

—其他或等效系统。

●改造规定高度以下(例如,-1 m高度以下)的剩余地下构筑物,以便进行回填(例如,通过部分破坏天花板)。

●将地下空隙回填至规定高度(例如,1 m的高度),例如,可使用现场回收建筑材料进行回填。

07.0303 烟囱的拆除

●已去污的烟囱剩余部分的拆解和拆除。

●地基吊出。

07.0400 最终清理、景观美化和翻新

07.0401 土方工程、土地工程

●土方工程,包括:

—石方开挖。

—开挖/填充。

—回填。

—现场推土和分级。

●在需要的地方添加清洁填料,以使现场地形与相邻景观相一致,包括:

—借土。

—拖运。

—摊铺。

—分级。

—压实。

- 土地工程,包括:

—松土。

—耙地。

—追踪。

—等高做沟。

07.0402 景观美化和其他现场修整活动

- 景观美化,包括:

—堆存。

—添加表土或壤土,以支持现场植被恢复及土壤稳定。

—沉降标示器。

- 种植,包括:

—播种/护根/肥料。

—防腐织物。

—灌木。

—树木地被植物。

- 永久性标记。

- 重建道路/构筑物/公用设施。

- 清除屏障。

07.0403 建筑物翻新

- 通过合理的修复对可挽救的建筑物或构筑物进行翻新;翻修后的建筑物可作为资产回收的对象(活动组 11.0400)。

07.0500 场址最终放射性调查

07.0501 最终调查

- 准备最终调查,包括:

—最终调查和取样计划。

- 最终调查包括:

—具体人员培训。

—设备、仪器校准和测试。

—调查文件编制。

—验证性测量等。

- 进行行政和/或物理控制,以隔离调查区域,防止调查完成后发生二次污染。

07.0502 最终调查的独立验证

- 清洁和/或场址再利用标准的独立合规性验证。

- 独立调查的直接和间接成本。

- 向监管机构提交结果,包括额外取样和修订报告的费用。

07.0600 资产有限或受限解控的永久供资/监控

07.0601 例行维护

- 剩余构筑物或建筑物的例行维护。

- 配备额外的端盖材料,以及额外端盖材料的贮存区域。
- 现场维护,包括:

—除草。

—维护。

—清理。

07.0602(现场和其余构筑物的)监控和监测

- 常规监控以下内容:

—剩余构筑物或建筑物。

—在有限制场址开放条件下的残余放射性。

- 环境监测。
- 信号、测试。

08　项目管理、工程技术和支持

主要活动 08 涉及退役作业期间的项目管理和现场支持服务。此活动由 10 个活动组组成,包括由业主方(08.0100~08.0500)和承包商(08.0600~08.1000)所从事活动的相同部分:

- 进场和准备工作。
- 项目管理。
- 支持服务。
- 健康和安全。
- 撤出。
- 承包商进场和准备工作(如需要)。
- 承包商的项目管理(如需要)。
- 承包商提供的支持服务(如需要)。
- 承包商的健康和安全工作(如需要)。
- 承包商退场(如需要)。

承包商的项目范围取决于在退役项目中实施的承包策略。应注意,不要重复进行业主人员及承包商人员开展的活动。

08.0100 进场和准备工作

08.0101 人员进场

- 建立项目管理团队。
- 配备支持人员。
- 配备退役劳动力。

08.0102 为退役项目建立一般支持性基础设施

- 运输车辆所有权/运行及驾驶员。
- 货单,通行费,许可证。
- 护卫车辆所有权/运行。
- 施工设备所有权/运行和设备操作员。

- 初始组装和设置。
- 临时员工设施,包括:
—办公室拖车。
—午餐/休息拖车。
—紧急医疗拖车/设施。
—贮存设施。
—洗衣房设施。
—厕所。
- 一般技术设施,包括:
—影像学实验室。
—设备维修间。
—仓库。
—地磅。
- 辐射防护实验室。
- 施工设备/车辆的去污设施。
- 人员去污设施。
- 警卫室、路障。
- 灭火系统、汽油、机油和润滑油分配站。
- 住房、商店设施。
- 骨料路面、安保围栏、大门、道路和停车处。
- 涵洞、步道、标志、分级。
- 临时公用设施:
—现场照明。
—电源连接/配电。
—电话/通信连接。
—水管连接/配水。
—污水管连接/分配。
—气路连接/配气。
—道路/构筑物/公用设施的临时迁移。
- 考虑承包商的现场临时设施和公用设施。

08.0200 项目管理

08.0201 核心管理小组
- 业主单位中的决策制定者。
- 计划主管、项目经理。
- 总负责人、区域负责人、土木总工程师。
- 为上级行政部门提供秘书和/或文书支持。
- 核电站管理,可以作为退役项目管理团队的一个集成子集,负责:
—设施运行。

—设施维护。

—符合现有运行许可证和技术规范的要求。

• 与以下人员建立持续关系：

—操作人员。

—有关当局。

—专家顾问。

—分包商。

• 正在进行的许可活动。

• 技能资格鉴定计划、启动计划、许可证。

• 及时监控成本进展和工作进度。

08.0202 项目实施计划、详细的持续计划

• 项目实施计划：

—退役项目基准进度计划的定期评估。

—根据基准进度计划提出部分实施计划

—提出执行实施计划，由业主人员或承包商人员执行。

—管理安全分析、可行性研究、成本效益研究、环境分析及其他与实施计划有关的文件编制。

—支持批准实施计划。

—制订详细的实施计划，由业主员工执行。

—实施计划的投标管理，由承包商执行。

• 可根据以下方面组织实施计划：

—退役项目各个阶段。

—退役工程的承包计划。

—个别特定退役活动或活动组。

—单独建筑物或建筑物群。

—废物管理系统或其组成部分。

—特定设施、公用设施或设备的采购。

—退役项目的其他具体方面。

• 已批准实施计划的详细的持续计划：

—生成工作包。

—生成详细程序。

—实现 ALARA 原则的计划。

—详细成本计算。

• 编制设计规范，包括以下内容：

—运行与维护程序。

—废物管理物流和信息系统。

—硬件和软件。

—装置。

—测试。

—性能测量。

—现场改造。

● 批准和许可,例如:

—特定设备的采购。

—新的具体个人工作程序。

—修改重要系统。

08.0203 时间安排和成本控制

● 与已批准实施计划相关的活动。

● 计划人员、成本控制工程师、成本核算、起草和会计人员。

● 成本工程师和成本估算师、计划工程师、计划人员。

● 每月更新关键路径建模(CPM)时间安排。

● 向项目管理人员提供状况和问责制。

● 考虑与承包商的关系。

08.0204 安全和环境分析,持续研究

● 制订实施计划的辅助文件,例如:

—可行性研究。

—安全分析。

—环境分析。

—成本计算和成本效益分析。

● 定期重新评价和更新环境研究。

● 以下内容的详细安全分析:

—已批准实施计划的具体活动包。

—特定设备的采购/设计、安装、测试并发放许可证,用于从放射性角度判定的关键活动。

—具体个别程序。

● 废物管理的研究和安全评价(01.0400 废物管理计划的后续活动),例如:

—废物管理研究。

—安全分析。

—装卸、包装、贮存、运输和处置某些废物体与特定放射性核素的危害分析及风险分析。

—废物运输的危害分析、风险分析和备选方案分析。

—以下废物运输的可行性研究:

——大量废物。

——特殊形态的废物。

——唯一的目的地等。

—需要过量余隙或质量调节的货物的详细路线分析。

—关于以下方面的具体考虑因素:

——包装认证。

——屏蔽。

——地方/联邦审查和批准等。

—对以下物质浓度的考虑因素:

——长寿命放射性核素,其危害将在处置设施监管结束后持续存在。

——较短寿命放射性核素,要确定处置所需的工程屏障。

—关于在预期处置条件下如何保持废物的外形尺寸和形态的信息。

08.0205 质量保证和质量监督

• 质量保证工程师和质量控制检验员。

• 确保遵守既定程序,核查现场合规性,如果涉及安全考虑/要求,则适用范围扩及分包商和供应商。

• 与承包商的关系。

08.0206 综合管理和会计

• 合同管理员和相关文书支持。

• 合同管理员、审计长。

• 人事经理、办公室经理、翻译。

• 会计、记账员、计时员、工薪出纳员、工资结算员。

• 职员、打字员、接待员、邮递员、信差、复印员。

• 制定和审查条款与条件,并评估分包过程中的责任和风险。

• 办公用品、邮寄和运输。

• 与承包商的关系。

08.0207 公共关系和利益相关方的参与

• 通过设施业主代表(作为项目发言人)开展该活动,尽管公证会或陈述可能涉及组织中的许多其他人员。

• 公关人员。

• 组织研讨会、新闻发布会、广告宣传、设施参观等。

• 游客中心。

• 网页维护。

• 与承包商的关系。

08.0300 支持服务

08.0301 工程技术支持

• 支持退役过程,包括机械、电气、仪表和控制、供暖、通风、空调、核能、环境、许可证和土木/结构人员。

• 项目工程师、土木工程师、机械工程师、电气工程师、化学工程师。

• 脚手架工人。

• 木工主管、机械主管、电气主管。

• 地质学家、水文学家、科学家。

• 核能工程师、现场工程师、测量员、行政工程师。

- 绘图员、工程文员和打字员。
- 检验员。
- 实验室技术员。
- 设备维护和车辆调配场,包括:

—高级机械师、机械师、机械助手。

—备件经理、备件员。

—车库经理、车辆设备操作员、驾驶员、助理。

—起重机、起重设备和劳动力。

—地磅。

—汽油、机油和润滑油分配站。

—废水罐。

- 现场施工图服务、测量:

—物资和设备。

—工程用品和设备。

- 邮寄和运输。
- 为承包商提供特定服务。

08.0302 信息系统和计算机支持

- 与退役组织密不可分的工作人员(管理员和技术员),提供设备维修和网络维护等支持活动。
- 计算机技术员。
- 电脑硬件和软件。
- 为运行复杂分析和代码提供技术支持或主机的随叫随到服务组织。
- 承包商的权限和服务。

08.0303 废物管理支持

- 管理和支持与废物管理活动直接相关的活动。
- 永久性废物管理系统和临时废物管理设施的建立、采购、运行、维护与退役属于主要活动 05 范围。
- 废物管理活动的监督、协调,例如:

—为退役项目设立的永久性废物管理系统的运行和维护。

—历史/遗留废物的回收。

—外包废物管理活动(比如处置)。

—临时废物管理设施。

—承包商的废物管理活动。

—承包商现场临时废物管理设施的运行。

—废物管理物流和信息系统。

- 废物处理暂存区的进场。
- 许可证和执照:

—危险/放射性/临界性事项的许可证发放。

—运输事项的许可证发放。

—贮存或处置事项的许可证发放。

—获得国家和地方的许可证。

· 与承包商在废物管理中的接口管理：

—界定将由承包商开展的废物管理活动。

—业主对承包商的废物管理活动提供现场支持，如提供经过特定废物管理活动培训的人员、特殊材料、样本分析等。

—允许承包商使用业主废物管理系统的某些部分。

—确定将承包商废物管理活动中的废物中间产品接管到业主的废物管理系统中的规则和措施。

—接管承包商的废物中间产品。

· 废物管理详细路线、物流和信息系统：

—执行。

—运行。

—维护。

—承包商的权限。

· 废物体的文件记录：

—基本特性。

—自由液体含量。

—危险/有毒/自燃/爆炸/生物成分。

—识别整备/处理。

—材料随后再引入(再使用)的可追溯性/问责制。

· 涉及废物管理系统所有其他方面，需要涵盖除退役废物类型之外的各类历史/遗留放射性废物的范围。

08.0304 包括化学、去污等的退役支持

· 以下工作的现场/区域主管：

—劳动力分配、指导和监督。

——一般劳动力实施工程和计划中规定的活动。

· 去污和化学技术员在核电站运行组指导下工作，涉及：

—核电站化学控制。

—任何全系统去污。

· 热洗衣房，包括：

—热洗衣房运行。

—控制区服装的分发和维护。

· 热卫生设备。

· 为承包商提供特定服务。

08.0305 人事管理和培训

· 特定退役人员和一般人员的人事管理与招聘。

- 新员工培训。
- 员工的定期再培训。
- 课堂教学以及现场环境熟练程度证明。
- 培训内容：

—呼吸器等个人防护系统的使用。

—防护服的使用。

—仪器的使用。

—工业安全和安保。

—工业/危险材料安全。

—应急管理。

—消防和急救。

- 为承包商提供特定服务。

08.0306 文件和记录控制

- 文件控制人员或记录员。
- 项目照片、视频监控/录制系统。
- 监督退役期间生成的正式文件的控制、分发和存档工作。
- 承包商的权限和服务。

08.0307 采购、仓储以及物料搬运

- 采购专家、采购员和相关行政人员。
- 首席采购代理、采购代理、采购员、督办员。
- 交通管理员、旅游文员、运务员。
- 库存控制经理、库存控制员、总仓经理、收货员、出库员。
- 职员和打字员。
- 设备和起重材料。
- 处理从日常用品到合同服务的所有采购。
- 紧急空运、呈报、备件库存、项目标志。
- 办公用品、邮寄和运输。
- 为承包商提供特定服务。

08.0308 住房、办公设备、支持服务

- 为退役劳动力提供住房和支持。
- 临时施工设施的所有权,包括：

—办公室拖车和设施,办公家具和办公设备。

—午餐/休息拖车、紧急医疗拖车/设施。

—气象站。

—仓库和贮存拖车及设施。

—洗衣房拖车和设施,废水储罐。

—建造移动式厕所。

—影像学实验室。

—设备维修间。

—地磅。

—施工设备/车辆的去污设施。

—人员去污设施。

—警卫室和安保屋、路障。

—灭火系统、汽油、机油和润滑油分配站。

—住房、商店设施。

—骨料路面、现场临时安保围栏、大门、道路和停车处。

—涵洞、步道、标志、分级。

●临时施工设施的运行,包括:

—运行经理。

—大厨和厨师、厨房帮手、食品和食品供应。

—清洁工和清洁服务、临时设施的维护和修理。

—清洁用品、垃圾处理服务、个人用品、亚麻用品。

—洗衣服务。

—运料路维护、临时停车场维护。

●维护退役作业所需的临时设施和公用设施,运行活动将包含在退役活动中,包括:

—洗衣房。

—临时电源和/或压缩空气装置。

—卫生设施等。

●冬季工程和临时供暖。

●除雪、日常现场清理、最终现场清理。

●保护现有财产。

●项目公用设施,包括:

—电话使用。

—用电。

—污水管使用。

—用水。

—用气。

●紧急洗眼用水、沐浴露、淋浴。

●现场通信系统。

●体检、全身计数。

●为承包商提供特定服务。

08.0400 健康和安全

08.0401 保健物理

●采购用于人员剂量吸收后续行动的保健物理设备,包括安装、测试、许可(运行活动将包含在退役活动中)。

●保健物理和辐射防护人员。

- 经认证的保健物理学家,ALARA 原则方面的专家。
- 支持退役工程和计划,并监督由此产生的去污和拆除过程。
- 确保所使用的办法和方法符合既定准则及公认的健康与安全实践。
- 为承包商提供特定服务。

08.0402 工业安全

- 工业环境中工人的安全和防护。
- 参与承包商的现场活动。
- 为承包商提供特定服务。
- 经认证的工业卫生学家。
- 保健物理培训员、现场安全卫生员、安全工程师、安全员。
- 工业卫生技术员、空气监测技术员、呼吸专家、安全监测员。
- 解决工作场所的人身危险问题。
- 监测项目期间的劳动力和设施。
- 冷热压力监测、噪声监测、气味监测。
- 开展工人常规安全培训。
- 审查合规性的实施程序。
- 急救,包括:
—现场医生。
—现场护士。
—医疗用品。
—应急物资。
—救护车。
—先导车。
- 消防,包括:
—现场消防队长。
—现场消防员。
—消防员用品。
—消防车。
—水车。
—灭火器。
—灭火系统。
- 交通控制,包括:
—交通信号员。
—交通控制设备。
—路障。
- 安保,包括:
—安检人员。
—安保主管。

—安保人员。

—看守人。

—警卫。

● 车辆、差旅费和每日津贴。

08.0500 撤出

08.0501 退役项目基础设施的撤出

● 临时员工设施,包括:

—办公室拖车。

—午餐/休息拖车。

—紧急医疗拖车/设施。

—贮存设施。

—洗衣设施。

—厕所。

● 一般技术设施,包括:

—影像学实验室。

—设备维修间。

—仓库。

—地磅。

● 辐射防护实验室。

● 施工设备/车辆的去污设施。

● 人员去污设施。

● 警卫室、路障。

● 灭火系统、汽油、机油和润滑油分配站。

● 住房、商店设施。

● 骨料路面、安保围栏、大门、道路和停车处。

● 涵洞、步道、标志、分级。

● 移除临时设施,包括:

—现场照明。

—电源连接/配电。

—电话/通信连接。

—水管连接/配水。

—污水管连接/分配。

—气路连接/配气。

● 施工设备和设施的撤出:

—运输车辆所有权/运行及驾驶员。

—货单,通行费,许可证。

—护卫车辆所有权/运行。

—施工设备所有权/运行和设备操作员。

—最终拆分和拆解。

- 考虑到承包商的现场临时设施。

08.0502 人员退场

- 重新安置监督人员。

08.0600 承包商进场和准备工作(如需要)

08.0601 人员进场

- 建立项目管理团队。
- 配备支持人员。
- 配备退役劳动力。

08.0602 为退役项目建立一般支持性基础设施

- 运输车辆所有权/运行及驾驶员。
- 货单,通行费,许可证。
- 护卫车辆所有权/运行。
- 施工设备所有权/运行和设备操作员。
- 初始组装和设置。
- 临时员工设施,包括:

—办公室拖车。

—午餐/休息拖车。

—紧急医疗拖车/设施。

—贮存设施。

—洗衣设施。

—厕所。

- 一般技术设施,包括:

—影像学实验室。

—设备维修间。

—仓库。

—地磅。

- 辐射防护实验室。
- 施工设备/车辆的去污设施。
- 人员去污设施。
- 警卫室、路障。
- 灭火系统、汽油、机油和润滑油分配站。
- 住房、商店设施。
- 骨料路面、安保围栏、大门、道路和停车处。
- 涵洞、步道、标志、分级。
- 临时公用设施:

—现场照明。

—电源连接/配电。

—电话/通信连接。

—水管连接/配水。

—污水管连接/分配。

—气路连接/配气。

—道路/构筑物/公用设施的临时迁移。

● 考虑承包商的现场临时设施和公用设施。

08.0700 承包商的项目管理（如需要）

08.0701 核心管理小组

● 承包商组织中的决策制定人员。

● 计划主管、项目经理。

● 总负责人、区域负责人、土木总工程师。

● 为上级行政部门提供秘书和/或文书支持。

● 核电站管理,可以作为退役项目管理团队的一个集成子集,负责:

—设施运行。

—设施维护。

—符合现有运行许可证和技术规范的要求。

● 与以下人员建立持续关系:

—操作员。

—有关当局。

—专家顾问。

—业主。

—分包商。

● 正在进行的许可活动。

● 技能资格鉴定计划、启动计划、许可证。

● 及时监控成本进度和工作进度。

08.0702 项目实施计划、详细的持续计划

● 项目实施计划:

—编制投标书。

—参与招标。

● 已批准实施计划的详细持续计划:

—生成工作包。

—生成详细程序。

—实现 ALARA 原则的计划。

—详细成本计算。

08.0703 时间安排和成本控制

● 与已批准实施计划相关的活动。

● 计划人员和计划人员、成本控制工程师、成本问责制、起草和会计人员。

● 成本工程师和成本估算师、计划工程师、计划人员。

- 每月更新关键路径建模时间安排。
- 向项目管理人员提供状况和核算。
- 考虑与业主和其他承包商的关系。

08.0704 安全和环境分析,持续研究

- 制订实施计划的辅助文件,例如:

—可行性研究。

—安全分析。

—环境分析。

—成本计算和成本效益分析。

- 定期重新评价和更新环境研究。
- 以下内容的详细安全分析:

—已批准实施计划的具体活动包。

—特定设备的采购/设计、安装、测试并发放许可证,用于从放射性角度判定的关键活动。

—具体个别程序。

- 废物管理的研究和安全评价(01.0400 废物管理计划的后续活动),例如:

—废物管理研究。

—安全分析。

—装卸、包装、贮存、运输和处置某些废物体和特定放射性核素的危害分析与风险分析。

—废物运输的危害分析、风险分析和替代分析。

—以下废物运输的可行性研究:

——大量废物。

——特殊形态的废物。

——唯一的目的地等。

—需要过多清洁解控或质量调节的货物的详细路线分析。

—关于以下方面的具体考虑因素:

——包装认证。

——屏蔽。

——地方/联邦审查和批准等。

—对以下物质浓度的考虑因素:

——长寿命放射性核素,其危害将在处置设施监管结束后持续存在。

——较短寿命放射性核素,确定处置所需的工程屏障。

08.0705 质量保证和质量监控

- 质量保证工程师和质量控制检验员。
- 确保遵守既定程序,核查现场合规性,如果涉及安全考虑/要求,则适用范围扩及分包商和供应商。
- 与业主和其他承包商的关系。

08.0706 综合管理和会计

- 合同管理员和相关文书支持。
- 合同管理员、审计长。
- 人事经理、办公室经理、翻译。
- 会计、记账员、计时员、工薪出纳员、工资结算员。
- 职员、打字员、接待员、邮递员、信差、复印员。
- 制定和审查条款与条件,并评估分包过程中的责任和风险。
- 办公用品、邮寄和运输。
- 与业主和其他承包商的关系。

08.0707 公共关系和利益相关方的参与

- 通过设施业主代表(作为项目发言人)开展该活动,尽管公证会或陈述可能涉及组织中的许多其他人员。
- 公关人员。
- 组织研讨会、新闻发布会、广告宣传、设施参观等。
- 游客中心。
- 网页维护。
- 与业主和其他承包商的关系。

08.0800 承包商提供的支持服务(如需要)

08.0801 工程技术支持

- 支持退役过程,包括机械、电气、仪表和控制、供暖、通风、空调、核能、环境、许可证和土木/结构人员。
- 项目工程师、土木工程师、机械工程师、电气工程师、化学工程师。
- 脚手架工人。
- 木工主管、机械主管、电气主管。
- 地质学家、水文学家、科学家。
- 核能工程师、现场工程师、测量员、行政工程师。
- 绘图员、工程文员和打字员。
- 检验员。
- 实验室技术员。
- 设备维护和车辆调配场,包括:
—高级机械师、机械师、机械助手。
—备件经理、备件员。
—车库经理、服务车驾驶员、车辆设备操作员、驾驶员、助理。
—起重机、起重设备和劳动力。
—地磅。
—汽油、机油和润滑油分配站。
—废水罐。

- 现场施工图服务、测量：

—物资和设备。

—工程用品和设备。

- 支持制订"退役计划"，包括：

—生成工作包（用于投标）。

—生成详细程序。

—安全分析。

—成本效益/可行性研究。

—现场改造等。

—邮寄和运输。

- 为业主及其他承包商提供特定服务。

08.0802 信息系统和计算机支持

- 与退役组织密不可分的工作人员（管理员和技术员），提供设备维修和网络维护等支持活动。

- 计算机技术员。

- 电脑硬件和软件。

- 为运行复杂分析和代码提供技术支持或主机的随叫随到服务组织。

- 业主与其他承包商的权限和特定服务。

08.0803 废物管理支持

- 管理和支持与废物管理活动直接相关的活动。

- 承包商废物管理系统和临时废物管理设施的建立、采购、运行、维护与退役属于主要活动 05 范围。

- 废物管理活动的监督、协调，例如：

—为退役项目设立的永久性废物管理系统的运行和维护。

—历史/遗留废物的回收。

—外包废物管理活动（比如处置）。

—临时废物管理设施。

—承包商的废物管理活动。

—承包商现场临时废物管理设施的运行。

—废物管理物流和信息系统。

- 废物处理暂存区的进场。

- 许可证和执照：

—危险/放射性/临界性事项的许可证发放。

—运输事项的许可证发放。

—贮存或处置事项的许可证发放。

—获得国家和地方的许可证。

- 管理与业主和其他承包商在废物管理中的接口：

—界定将由承包商开展的废物管理活动。

　　—对业主和其他承包商的废物管理活动提供现场支持,如提供经过特定废物管理活动培训的人员、特殊材料、样本分析等。

　　—允许业主和其他承包商使用承包商废物管理系统的某些部分。

　　—确定将承包商废物管理活动中的废物中间产品接管到业主的废物管理系统中的规则和措施。

　　—将承包商的废物中间产品移交给业主。

　　● 废物管理详细路线、物流和信息系统:

　　—执行。

　　—运行。

　　—维护。

　　—业主和其他承包商的权限。

　　● 废物体的文件记录:

　　—基本特性。

　　—自由液体含量。

　　—危险/有毒/自燃/爆炸/生物成分。

　　—识别整备/处理。

　　—材料随后再引入(再使用)的可追溯性/问责制。

　　● 涉及废物管理系统所有其他方面,需要涵盖除退役废物类型之外的各类历史/遗留放射性废物的范围。

08.0804 包括化学、去污等的退役支持

　　● 以下工作的现场/区域主管:

　　—劳动力分配、指导和监督。

　　——般劳动力实施工程和计划中规定的活动。

　　● 去污和化学技术员在核电站运行组指导下工作,涉及:

　　—核电站化学控制。

　　—任何全系统去污。

　　● 热洗衣房,包括:

　　—热洗衣房运行。

　　—控制区服装的分发和维护。

　　● 热卫生设备。

　　● 为业主及其他承包商提供特定服务。

08.0805 人事管理和培训

　　● 新员工培训。

　　● 员工的定期再培训。

　　● 课堂教学以及现场环境熟练程度证明。

　　● 培训内容:

　　—呼吸器等个人防护系统的使用。

　　—防护服的使用。

—仪器的使用。

—工业安全和安保。

—工业/危险材料安全。

—应急管理。

—消防和急救。

• 为业主及其他承包商提供特定服务。

08.0806 文件和记录控制

• 文件控制人员或记录员。

• 项目照片、视频监控/录制系统。

• 监督退役期间生成的正式文件控制、分发和存档工作。

• 为业主及其他承包商提供特定服务。

08.0807 采购、仓储以及物料搬运

• 采购专家、采购员和相关行政人员。

• 首席采购代理、采购代理、采购员、督办员。

• 交通管理员、旅游文员、运务员。

• 库存控制经理、库存控制员、总仓经理、收货员、出库员。

• 店长、助理。

• 职员和打字员。

• 设备和起重材料。

• 处理从日常用品到合同服务的所有采购。

• 紧急空运、呈报、备件库存、项目标志。

• 办公用品、邮寄和运输。

• 为业主及其他承包商提供特定服务。

08.0808 住房、办公设备、支持服务

• 为退役劳动力提供住房和支持。

• 临时施工设施的所有权,包括:

—办公室拖车和设施,办公用具和办公设备。

—午餐/休息拖车、紧急医疗拖车/设施。

—气象站。

—仓库和贮存拖车及设施。

—洗衣房拖车和设施,废水储罐。

—建造移动式厕所。

—影像学实验室。

—设备维修间。

—地磅。

—施工设备/车辆的去污设施。

—人员去污设施。

—警卫室和安保屋、路障。

—灭火系统、汽油、机油和润滑油分配站。

—住房、商店设施。

—骨料路面、现场临时安保围栏、大门、道路和停车处。

—涵洞、步道、标志、分级。

• 临时施工设施的运行,包括:

—运行经理。

—大厨和厨师、厨房帮手、食品和食品供应。

—清洁工和清洁服务、临时设施的维护和修理。

—清洁用品、垃圾处理服务、个人用品、亚麻用品

—洗衣服务。

—运料路维护、临时停车场维护。

• 维护退役作业所需的临时设施和公用设施,运行活动将包含在退役活动中,包括:

—洗衣房。

—临时电源和/或压缩空气装置。

—卫生设施等。

• 冬季工程和临时供暖。

• 除雪、每日现场清理、最终现场清理。

• 保护现有财产。

• 项目公用设施,包括:

—电话使用。

—用电。

—污水管使用。

—用水。

—用气。

• 紧急洗眼用水、沐浴露、淋浴。

• 现场通信系统。

• 体检、全身计数。

• 为业主及其他承包商提供特定服务。

08.0900 承包商的健康和安全工作(如需要)

08.0901 保健物理

• 采购用于人员剂量吸收后续行动的保健物理设备,包括安装、测试、许可(运行活动将包含在退役活动中)。

• 保健物理和辐射防护人员。

• 经认证的保健物理学家,ALARA 原则方面的专家。

• 支持退役工程和计划,并监督由此产生的去污和拆除过程。

• 确保所使用的办法和方法符合既定准则及公认的健康与安全做法。

• 为业主及其他承包商提供特定服务。

08.0902 工业安全

- 工业环境中工人的安全和防护。
- 参与承包商的现场活动。
- 为业主及其他承包商提供特定服务。
- 经认证的工业卫生学家。
- 保健物理培训员、现场安全卫生员、安全工程师、安全员。
- 工业卫生技术员、空气监测技术员、呼吸专家、安全监测员。
- 解决工作场所的人身危险问题。
- 监测项目期间的劳动力和设施。
- 冷热压力监测、噪声监测、气味监测。
- 开展工人常规安全培训。
- 审查合规性的实施程序。
- 急救,包括:

—现场医生。

—现场护士。

—医疗用品。

—应急物资。

—救护车。

—先导车。

- 消防,包括:

—现场消防队长。

—现场消防员。

—消防员用品。

—消防车。

—水车。

—灭火器。

—灭火系统。

- 交通控制,包括:

—交通信号员。

—交通控制设备。

—路障。

- 安保,包括:

—安检人员。

—安保主管。

—安保人员。

—看守人。

—警卫。

- 车辆、差旅费和每日津贴。

08.1000 承包商退场（如需要）

08.1001 退役项目基础设施的撤出

- 临时员工设施,包括:

—办公室拖车。

—午餐/休息拖车。

—紧急医疗拖车/设施。

—贮存设施。

—洗衣设施。

—厕所。

- 一般技术设施,包括:

—影像学实验室。

—设备维修间。

—仓库。

—地磅。

- 放射防护实验室。

- 施工设备/车辆的去污设施。

- 人员去污设施。

- 警卫室、路障。

- 灭火系统、汽油、机油和润滑油分配站。

- 住房、商店设施。

- 骨料路面、安保围栏、大门、道路和停车处。

- 涵洞、步道、标志、分级。

- 移除临时设施,包括:

—现场照明。

—电源连接/配电。

—电话/通信连接。

—水管连接/配水。

—污水管连接/分配。

—气路连接/配气。

- 施工设备和设施的撤出:

—运输车辆所有权/运行及驾驶员。

—货单,通行费,许可证。

—护卫车辆所有权/运行。

—施工设备所有权/运行和设备操作员。

—最终拆分和拆解。

- 考虑到业主和其他承包商的现场临时设施。

08.1002 人员退场

- 重新安置监督人员。

09　研发

主要活动 09 包括退役工艺和技术的研发：

- 设备、技术、程序的研发。
- 复杂工程的模拟。

主要活动 09 涉及提供缺少的新知识、数据、设备、技术、程序和计算机代码，以便管理退役项目中确定的任何具体条件。

根据现有的知识、经验和数据，设计、建造、改造特定设备、技术、程序和工具的相关活动涉及相关成本条目。

09.0100 设备、技术、程序的研发

09.0101 表征设备、技术和程序

- 适用于退役项目的专用测量装置的研发。
- 具体计算和评估程序，以及计算机代码的研发。

09.0102 去污设备、技术和程序

- 退役项目中使用的新型去污技术的研发。

09.0103 拆除设备、技术和程序

- 新型拆除设备的研发。
- 以下内容的研发：

—远程操作系统。

—机器人和机械手。

09.0104 废物管理设备、技术和程序

- 适合的废物处理技术的研发。
- 与废物处置相关的研发。
- 以下内容的研发：

—放射性清单估算的计算机代码。

—处置设施性能规范和安全评价规范。

- 研发、状态审查，以确定以下内容的实际情况：

—材料的无条件解控。

—专用材料的受限解控。

09.0105 其他研发活动

- 搜索通用信息，包括：

—文献综述。

—数据收集。

—实际和未来的拆除与去污策略及技术的考虑因素。

- 状态审查，以确定以下内容的实际情况：

—世界范围的比对工作。

—退役项目研发活动范围的确定。

- 项目管理计算机代码系统的开发。

- 生成新设备、新技术、新软件代码、新程序的规范。
- 其他。

09.0200 复杂工程的模拟

09.0201 实体模型和培训

- 与制造、设计、改造相关的模型的使用：

—比例模型和演示。

—现有工具的调适。

—制造过程或相关应用。

—模拟。

- 为培训目的使用模型：

—照射区的工作培训。

09.0202 测试或演示程序

- 新开发的程序、设备、技术的测试和演示程序。
- 拟在退役项目中实施的复杂程序的测试和演示程序。

09.0203 计算机模拟、可视化和 3D 建模

- 复杂工作程序的制定。
- 提高工作程序的效率。
- 在高照射区开展活动的 ALARA 原则计划。
- 支持设备、技术、程序等研发。

09.0204 其他活动

10　燃料与核材料

主要活动 10 涉及拆除乏燃料元件、组件和/或核材料，但不包括后处理或最终处置备选方案的成本：

- 从待退役设施中移除燃料和核材料。
- 燃料和/或核材料的专用缓冲贮存设施。
- 缓冲贮存设施的退役。

主要活动 10 包含两个基本备选方案：

- 乏燃料和核材料可运至退役项目范围之外的现有外部贮存设施。在这些情况下，退役项目只涉及活动 10.0101，即将乏燃料或核材料从设施中运走。
- 不可能将乏燃料和核材料运至退役项目范围之外的外部贮存设施。为了能够开始设施退役，需要专用缓冲贮存设施，这是退役项目的一部分。在这些情况下，退役项目涉及活动 10.0102~10.0302。这些项目的使用范围取决于退役项目范围的定义。

10.0100 从待退役设施中移除燃料或核材料

10.0101 将燃料或核材料转移到外部贮存设施或处理设施

- 采购将所有燃料或核材料运送到外部贮存设施所需的额外设备，包括：

—堆槽。

—密封瓶等。

- 与转移相关的安全措施的考虑因素。
- 运输安全措施的考虑因素。
- 使用运输容器或运输钢箱转移燃料组件或核材料。
- 确保运输安全的安排,包括安保措施。

10.0102 将燃料或核材料转移到专用缓冲贮存设施

- 采购将所有燃料或核材料运送到外部贮存设施所需的额外设备,包括:

—堆槽。

—密封瓶等。

- 与转移相关的安全措施的考虑因素。
- 运输安全措施的考虑因素。
- 使用运输容器或运输钢箱转移燃料组件或核材料。
- 确保运输安全的安排,包括安保措施。

10.0200 燃料和/或核材料的专用缓冲贮存设施

10.0201 缓冲贮存设施的建造

- 设计、施工和许可。

10.0202 缓冲贮存设施的运行

- 运行。
- 维护和定期检查。

10.0203 将燃料和/或核材料从缓冲贮存设施中转移出去

- 采购将所有燃料或核材料运送到外部贮存设施所需的额外设备,包括:

—堆槽。

—密封瓶等。

- 与转移相关的安全措施的考虑因素。
- 运输安全措施的考虑因素。
- 使用运输容器或运输钢箱转移燃料组件或核材料。
- 确保运输安全的安排,包括安保措施。

10.0300 缓冲贮存设施的退役

10.0301 缓冲贮存设施的退役

- 贮存单元的去污。
- 任何受污染贮存硬件的修复。
- 贮存的活性材料的修复。
- 设施拆除。
- 放射性调查。
- 建筑物拆除和现场修复。

10.0302 废物管理

- 去污和拆除所产生废物的处理。
- 放射性废物处置。
- 危险废物管理。
- 常规废物管理。

11　杂项支出

主要活动 11 涉及上述各活动组中无法具体分类的成本：

- 业主成本。
- 税费。
- 保险。
- 资产回收。

11.0100 业主成本

活动组 11.0100 涵盖不能直接分配给前几节、与退役项目有关的所有其他活动。

11.0101 过渡计划的实施

- 实施停堆计划,有序推进从运行到退役的进程。
- 根据从运行到退役的各个阶段裁减员工。
- 退役活动所用运行人员的重新指派/培训。
- 关键员工挽留/激励计划。
- 其他活动。

11.0102 因退役而需要执行的外部项目

- 未直接涉及退役项目的退役活动,但需要在以下层面对停堆后果进行补偿的项目：
—厂址层面。
—当地市政层面。
—其他层面。

11.0103 向主管机构支付的款项(费用)

- 向未直接分配给活动组 01~10 的主管机构支付的款项/费用。

11.0104 特定外部服务和支付

- 未直接分配给活动组 01~10 的特定外部服务,例如：
—咨询、行政。
—评论、报告。
—检查、认证。
—利益相关方的参与。
- 未直接分配给活动组 01~10 的特定外部款项,例如：
—租金。
—与退役相关的固定成本。
—与利益相关方相关的固定成本。
—对地方基金会的捐款等。

11.0200 税费

11.0201 增值税

- 根据国家有关法律规定征收的增值税。

11.0202 地方、社区、联邦税

- 根据国家有关法律规定征收的任何地方、社区和联邦税。

11.0203 环境税

• 根据国家有关法律规定征收的任何环境税。

11.0204 工业活动税

• 根据国家有关法律规定征收的相关工业活动税。

11.0205 其他税

• 相关国家有关法律规定征收的任何其他税。

11.0300 保险

11.0301 核相关保险

• 责任保险。

• 污染责任保险。

• 准备期、休眠期和拆除期的保险。

11.0302 其他保险

• 建筑商风险保险。

• 设备流动财产保险。

• 海上保险。

• 家庭办公室(一般和行政)保险。

11.0400 资产回收

11.0401 与(在过渡期间)出售的冗余设备相关的资产回收

• 销售或转让通用现场拆除设备,例如:

—高架起重机。

—悬臂起重机。

—叉车。

—卡车。

—安保围栏等。

• 用于人员和/或工具去污的设备的销售或转让。

• 出售或转让以下内容:

—辐射防护设备。

—剂量率测量的监测设备。

—污染测量。

—退役作业和/或材料解控测量。

—用于人员剂量吸收后续行动的保健物理设备。

• 转售/转让设施设备和部件以及剩余库存其他有许可证(受污染)与无许可证(未受污染)的设施。

• 将设施的"现役"设备和剩余备件出售或转让给其他核设施。

• 出售或转让经过去污或清洗的可运行设备和/或部件,使其达到既定标准,以便今后在其他分类或未分类设施中使用。

11.0402 与解控材料相关的资产回收

• 出售或转让经过去污或清洗的废料和/或材料,使其达到允许再循环和再利用的既定标准。

    11.0403 与常规拆解和拆除产生的材料与设备相关的资产回收

- 向其他核设施或未分类设施出售或转让设施的未污染设备和剩余备件。
- 回收材料的销售或转让。

    11.0404 与建筑物和场址相关的资产回收

- 出售已清理/翻修并解除限制使用的建筑物。
- 出售已获批准作为限制用途的建筑物。
- 场址或其组成部分的销售。

    11.0405 其他资产回收

- 前几项中未列明的其他资产。

成本类别的标准化定义(所有主要活动)

对于每个成本条目,确定了 4 个成本类别:

- 劳动力成本。
- 投资成本(资本、设备和材料成本)。
- 消耗成本。
- 不可预见费。

劳动力成本

劳动力成本是指根据某一成本条目的工作量和劳动力成本单价计算得出的成本,包括:

- 薪水。
- 社会保障和健康保险的缴款。
- 公司对养老金计划和附加福利的缴款。
- 一般管理费用。

投资成本(资本、设备和材料成本)

投资成本是指用于以下方面的成本:

- 用于特定成本条目的设备。
- 用于特定成本条目的机械。

消耗成本

消耗成本是指消费项目或消耗性项目的费用,或与退役成本条目有关的其他支出的费用,如:

- 耗材。
- 备件。
- 防护服。
- 差旅费。
- 法律费用。
- 税费。

- 增值税。
- 保险。
- 顾问成本。
- 质量保证成本。
- 租金。
- 办公用品。
- 供热成本。
- 水费。
- 电费。
- 电脑费用。
- 电话/传真费用。
- 保洁。
- 利息。
- 公关。
- 许可证/专利。
- 退役授权。
- 资产回收收入（"负支出"）。

不可预见费

在标准化清单的各个成本条目中增加的不可预见费,是为规定项目范围内的不可预见要素的特定成本准备。不考虑退役项目范围之外对成本产生的任何影响。

此处不包括与计算成本的风险评估相关的不可预见费（风险不可预见费）,因为这涉及本身会改变项目范围的情况所造成的风险,如国家法律的变化。根据这一结构计算得出的成本估算可用作计算这类不可预见费的基础,但应注意避免与使用本文件提供的成本结构开发的作为主要成本估算一部分的不可预见费总额混淆。

附录 E　术语表

本术语表（表 E-1）旨在为本文件中常用或具有特殊含义的词汇提供来源。但需注意的是,有些术语在其他技术领域的使用和定义是不同的。

术语表中列出了一些有关退役财政和社会方面的术语,但并不代表深入覆盖了这些领域,仅使用某一个国家的技术术语不包括在内。

在词汇表的编排上,最低程度减少修饰语（如副词和形容词）的使用。许多短语是按照短语中的关键词索引的,例如,术语"放射性废物（radioactive waste）"出现在废物（waste）、放射性（radioactive）部分。

本词汇中除非另有说明,"废物（waste）"一般指放射性废物。

更详细的技术术语可参阅以下参考资料:

（1）IAEA Safety Glossary: Terminology Used in Nuclear Safety and Radiation Protection: 2007 Edition, International Atomic Energy Agency, Vienna, 2007.

（2）IAEA Radioactive Waste Management Glossary：2003 Edition，International Atomic Energy Agency，Vienna，2003.

表 E-1　术语表

术语	释义
事故 accident	任何意外事件,包括运行误差、设备故障和其他偶然事件,其后果或潜在后果从防护或安全角度看不可忽略
活度 activity	见 radioactivity
分析 analysis	经常可与评价交替使用,特别对于安全分析等更具体的术语尤其如此。但一般而言,分析系指为了解分析主题而进行研究的过程和结果,而评价也可包括对可接受性进行确定或做出判断。分析也经常涉及一项具体技术的采用。因此,在评价中可采用一种或多种形式的分析
（控制）区 area, controlled	需要或可能需要采取专门防护措施和安全手段的指定区域,以便在正常工作条件下控制正常照射或防止污染扩散,以及防止潜在照射或限制其程度
评价 assessment	对与来源和实践有关的危害,以及对相关防护和安全措施进行系统分析与评价的过程及结果
批准（授权） authorisation	监管机构或其他政府部门以书面形式允许运营者进行规定的活动
屏障 barrier	防范或阻止人员、放射性核素或一些其他现象（如火灾）移动或提供防辐射屏蔽的实体障碍物
容器 cask	用于乏燃料与其他放射性物质运输和/或贮存的容器。容器有多种功能,可提供化学、机械、热和辐射防护,并在装卸、运输和贮存过程中散发衰变热
特性鉴定 characterisation	见 waste characterisation
清洁解控 clearance	（1）监管机构解除对已批准进行的实践活动中的放射性物质或放射性物品的进一步监管控制。 （2）放射性核素从身体的某一组织、器官或部位移出的生物学过程的净效应
调试 commissioning	已竣工的设施和活动的系统与部件投入试运行,以验证其性能是否符合设计要求和达到性能指标的过程
压缩（压实） compaction	（1）一种处理方法,通过施加外部压力减少可压缩材料的体积,从而增加其密度（单位体积的质量）。 （2）把近地表处置设施上覆盖的泥土物料压实以降低泥土的渗透性
整备 conditioning	指为形成一个适于装卸、运输、贮存和（或）处置的货包而进行的操作,包括把废物转化为废物体、把废物封装在容器中和必要时提供外包装
（废物）包装容器 container, waste	用于装卸、运输、贮存和（或）最终处置的盛装废物固化体的容器;亦指保护废物免受外部侵入的外围屏障。废物包装容器是废物货包的一个组成部分。例如,熔融的高放废物玻璃被浇入专门设计的容器（金属罐）,并在其中冷却和固化

表 E-1(续 1)

术语	释义
包容(安全壳、封隔) containment	旨在防止或控制放射性物质释放和弥散的方法或实体结构
污染 contamination	放射性物质存在于物体表面或固体、液体或气体内(包括人体内),或导致这些放射性物质存在于这些地方的过程,而这种存在是无意或不希望的
控制区 controlled area	见 area,controlled
成本类别 cost category	成本条目包括下列不同类型的成本: (1)劳动力成本; (2)投资成本(资本、设备和材料成本); (3)消耗成本; (4)不可预见费
成本条目 cost item	指计算退役成本时的最小常规或特定退役活动
退役 decommissioning	为允许解除对一个设施的部分或全部监管控制而采取的行政和技术行动(处置库或用于处置放射性物质开采和加工所产生残渣的某些核设施除外,对它们采取的相应行动是"关闭"而非"退役")
退役方案 decommissioning option	计划退役时可考虑的某种退役策略,许多因素会影响最终选择哪种解决方案,比如时间、技术的可用性等
退役阶段 decommissioning phase	在退役过程中,定义明确且不连续的活动
退役废物 decommissioning waste	见 waste, decommissioning
去污 decontamination	通过慎重的物理、化学或生物过程去除全部或部分污染
拆除 demolition	以适当的方法(包括破坏性方法和技术)拆除建筑物或构筑物,包括其内所含附属设备
拆除,拆解 dismantling	核设施退役中将构筑物、系统或部件解体和移除的过程,可在核设施永久退役后立即拆除,也可以延缓拆除
处置 disposal	将废物置于某一适当设施中而不打算回取
安全封存 enclosure, safe	核设施在退役过程中处在只进行监督和维护的状态(见退役阶段)
就地掩埋 entombment	把核设施整体或部分处置在核设施场址边界范围内。包括: (1)就地处置(掩埋),即核设施全部或部分掩埋在它现在位置的地下; (2)现场转运和处置,即核设施整体或部分转移至位于同一场址的邻近场所的处置库

表 E-1(续 2)

术语	释义
免管废物 exempt waste（EW）	见 waste, exempt（EW）
照射(量) exposure	受到辐照的行为或状态
设施 facilities	设施包括:核设施;辐照装置;铀矿开采等一些采矿和原料加工设施;放射性废物管理设施以及需要考虑防护和安全的规模生产、加工、使用、处理、贮存或处置放射性物质(或安装辐射发生器)的任何其他场所
高放废物 high-level waste(HLW)	见 waste, high-level（HLW）
历史/遗留废物 historical/legacy waste	运行期间产生并保留在设施内的废物
装置 installation	见 nuclear facility 或 facilities
有组织的控制 institutional control	依据国家法律指定的政府部门或机构对放射性废物场址的控制。这种控制可以是主动的(监测、监督、补救工作)或被动的(土地使用控制),并可能是核设施(如近地表处置库)设计中的一个因素
中放废物 intermediate-level waste(ILW)	见 waste, intermediate-level（ILW）
许可证 licence	监管机构颁发的批准从事与某一设施或活动有关的规定活动的法律文件
低放废物 low-level waste(LLW)	见 waste, low-level（LLW）
监测 monitoring	连续或定期测量放射性或其他参数或确定结构、系统或部件的状态
核设施 nuclear facility	在需要考虑安全水平的基础上生产、加工、使用、处理、贮存或处置核材料的设施,包括相关的土地、建筑物和设备
核燃料 nuclear fuel	制成元件形式以供装入民用核动力堆或研究堆堆芯的可裂变核材料
核材料 nuclear material	钚,但钚-238 同位素浓度超过 80%的除外;铀-233;浓缩铀(铀-235 或铀-233);非矿石或矿渣形式的含天然存在的同位素混合物的铀;任何含有上述一种或多种成分的材料
(废物)货包 package, waste	包括按照对装卸、运输、贮存和(或)处置的要求制备的废物体和任何容器以及内部屏障(如吸收材料和衬里)在内的整备后产物

表 E-1(续 3)

术语	释义
包装 packaging	完全封闭放射性内容物所需的各种部件的组合体。它尤其可包括一个或多个接收容器、吸收材料、定位构件、辐射屏蔽和用于装料、排空、通风与减压的辅助设备;用于冷却、吸收机械冲击、装卸与栓系和绝热的部件,以及与货包构成整体的辅助件。包装可以是箱、桶或类似的接收容器,也可以是货物集装箱、槽罐或中间散装物容器
实践 practice	任何引入附加照射源或照射途径或扩大对附加人员的照射范围或改变现有源照射途径的网络,从而使人受到的照射或受到照射的可能性或受照人数增加的人类活动
废物加工/处理 processing, waste	改变废物特征的任何作业,包括预处理、处理和整备
质量保证 quality assurance	对履行规定要求建立信心的管理系统职能
质量控制 quality control	旨在核实构筑物、系统和部件符合预定要求的质量保证的组成部分
辐射防护或放射防护 radiation protection or radiological protection	保护人员免受电离辐射照射的影响和实现这种保护的方法
放射性调查 radiological survey	见 survey, radiological
放射性废物 radioactive waste	见 waste, radioactive
放射性 radioactivity	原子进行自发随机衰变的现象,通常伴随辐射发射
记录 records	每个核设施的一套文件,如仪器记录、证书、运行日志、电脑打印资料及磁带等,可用来提供设施从设计到关闭及退役(如设施已退役)的所有阶段中运行和活动的历史与现状。记录是质量保证的重要组成部分
再循环 recycling	经过转化后的材料和设备的再利用,即对于金属来说,经过熔炼后,铸锭的再循环
处置库 repository	为处置目的放置废物的核设施。 (1)地质处置库(geological repository),放射性废物处置设施,它位于地下稳定的地质构造中(通常在地表以下数百米或更深处),以使放射性核素与生物圈长期隔离。 (2)近地表处置库(near surface repository),放射性废物处置设施,它位于地表以下几米或几十米以内
重复使用,再利用 reuse	材料和设备以最初的形式,不需做进一步的改变,在随后的操作中使用,即槽罐、泵、马达、阀门、化学试剂、工艺材料等

表 E-1(续4)

术语	释义
危险 risk	(1)表示危害、危险或与实际照射或潜在照射有关的损害或伤害后果发生概率的多属性量。它涉及可能产生特定有害后果的概率,以及这类后果的严重程度和特性等量。 (2)对某一特定后果(通常是不受欢迎的)进行适当量度的数学均值(预期值)
安全封存 safe enclosure	见 enclosure, safe
屏蔽 shielding	置于辐射源和人员、设备或其他物体之间的材料,用来吸收辐射,从而减少辐射照射
关闭 shutdown	永久或暂时中止一个过程或操作
场址 site	包含核设施的区域,或因其适合作为核设施而正在调查的区域(如处置库)。由边界界定,并在营运组织的有效控制之下
乏燃料 spent fuel	经辐照并从堆芯永久卸出的核燃料
利益相关方 stakeholder	利益方;有关方
贮存 storage	将乏燃料或放射性废物存放在能对其包容的设施中并有意回收。贮存按其定义是一种临时措施,因此,与废物的长期最终去向相比,临时贮存一词仅适于指短期暂时贮存。以上定义的贮存不应被描述为临时贮存
监督 surveillance	为确保核设施的状态保持在管理限值内而进行的活动。对于近地表处置库,在运行和关闭期间监督通常持续进行
(放射性)调查 survey, radiological	对放射性物质或其他辐射源的放射性状况,以及与其生产、使用、转移、释放、处置或存在有关的潜在危害进行评价
运输 transportation	将放射性物质(构成推进方式一部分的放射性物质除外)特意从一地运往另一地的实际运输过程
处理 treatment	旨在通过改变废物的特征从而有益于安全性和(或)经济性的作业。处理有3个基本目标: (1)减容; (2)去除废物中的放射性核素; (3)改变组分。 处理可以导致产生适当的废物体
极低放废物 very low-level waste (VLLW)	见 waste, very low-level(VLLW)

表 E-1（续 5）

术语	释义
极短寿命废物 very short-lived waste （VSLW）	见 waste，very short-lived（VSLW）
废物 waste	预计不能进一步使用的材料
（退役）废物 waste, decommissioning	退役中产生的废物
免管废物 waste, exempt（EW）	符合清洁解控、豁免的标准或者从监管控制下排除的废物。可能还涉及可重复使用的材料
高放废物 waste, high-level （HLW）	具有很高的放射性活度浓度足以产生大量衰变热的废物，或在设计该等废物的处置设施时须考虑大量长寿命放射性核素的废物
中放废物 waste, intermediate-level （ILW）	所含放射性核素，特别是长寿命核素，需要比近表面处置提供更大程度的包容和隔离的放射性废物。然而，中放废物在贮存和处置过程中，不需要或只需要有限的散热。这类废物可能含有长寿命的放射性核素，特别是 α 放射性核素，在可依靠有组织控制的情况下，不会衰变到可以近地表处置的活度浓度水平。因此，这类废物需要在更深的地方进行处置，深度大约在几十米到几百米之间
低放废物 waste, low-level （LLW）	活度水平高于清洁解控水平，但长寿命放射性核素数量有限的废物。这种废物需要长达几百年的稳定的隔离和包容，适合近地表处置。这类废物涵盖范围很广，可能包括活度浓度较高的短寿命核素，也可能包括活度浓度相对较低的长寿命放射性核素
（放射性）废物 waste, radioactive	为法律和监管目的，系指含有放射性核素的浓度或活度高于监管机构确定的清洁解控水平或受到这种放射性核素污染的废物
极低放废物 waste, very low-level （VLLW）	不满足免管废物的标准，但也不需要高水平的包容和隔离措施，适合在近地表、有限监管控制下的废物填埋类设施中进行处置的放射性废物。这种填埋类型的设施也可处置其他危险废物。这类典型废物包括低放的污染土壤和碎石。长寿命放射性核素的浓度一般非常有限
极短寿命废物 waste, very short-lived （VSLW）	这类废物可通过在有限时间，最多几年内贮存衰变，放射性核素活度浓度即可达到解控水平，然后根据管理机构批准的安排从审管控制中解控，用于不受控制的处置、使用或排放。这类废物中所含主要放射性核素的半衰期很短，通常用于研究和医疗目的
废物特性鉴定 waste characterization	确定废物的物理性质、化学性质和放射性，以决定进一步调整、处理或整备的必要性，或决定对其做进一步整备、处理、贮存或处置的适合性
废物整备 waste conditioning	为了形成一个适于装卸、运输、贮存和（或）处置的废物货包而进行的操作。整备可包括将废物转变为固化废物体，将废物封装在容器中，还包括在必要时提供外包装

表 E-1(续 6)

术语	释义
废物包装容器 waste container	见 container, waste
废物处置 waste disposal	见 disposal
(放射性)废物管理 waste management, radioactive	涉及放射性废物装卸、预处理、处理、整备、运输、贮存和处置的所有管理与作业活动
废物包装 waste package	见 package, waste
废物加工/处理 waste processing	见 processing, waste
废物处理 waste treatment	旨在通过改变废物的特征从而有益于安全性和(或)经济性的作业。废物处理有 3 个基本目标: (1)减容; (2)去除废物中的放射性核素; (3)改变组分

起草和审稿人员名单

表附 1 中的专家参与起草和审阅本书。

表附 1　参与起草和审阅本书的专家

BACSKÓ, Gábor	匈牙利放射性废物管理公共有限公司(PURAM)
CARLSSON, Jan	瑞典核燃料管理公司(SKB)
DANIŠKA, Vladimir	斯洛伐克去污公司(DECONTA)
DAVIDOVA, Ivana	捷克共和国国家能源集团(CEZ)
DEVAUX, Patrick	法国原子能和替代能源委员会(CEA)
KIRCHNER, Thomas	欧盟委员会(European Commission)
LAGUARDIA, Thomas	拉瓜迪亚联合公司(LaGuardia & Associates)
LARAIA, Michele	国际原子能机构(IAEA)
LAURIDSEN, Kurt	丹麦退役公司(Danish Decommissioning)
LEXOW, Thomas	德国辛贝尔康普机械设备公司(Siempelkamp)
MARINI, Giuseppe	意大利国有核电管理公司(SOGIN)
O'SULLIVAN, Patrick[1]	经济合作与发展组织核能署(OECD/NEA)
REHAK, Ivan[2]	斯洛伐克退役公司(DECOM)
VIDAECHEA, Sergio	西班牙放射性废物管理公司(ENRESA)

注:1. 自 2010 年 12 月开始在国际原子能机构工作;

　　2. 自 2011 年 5 月开始在核能署工作。

核能署出版物和信息

印刷材料

核能署印制了大量的材料,其中一部分在售,另一部分免费发放。完整的出版物目录可在线获取:www. oecd-nea. org/pub。

网络和电子产品

核能署网站不仅提供核能署及其工作计划的基本信息,还提供数百份技术和政策报告的免费下载。

核能署每月向订阅用户免费分发电子公告,提供最新成果、活动和出版物的信息。订阅网址:www. oecd-nea. org/bulletin。

欢迎访问核能署 Facebook 网址:www. facebook. com/OECDNuclearEnergyAgency。